ロボカップサッカーシミュレータ

戸川 隼人・中嶋 正之・杉原 厚吉・野寺 隆志／編
インターネット時代の 数学シリーズ 6

知的エージェントのための
集合と論理

中島　秀之／著

共立出版株式会社

編集委員：

戸川　隼人　尚美学園大学

中嶋　正之　東京工業大学

杉原　厚吉　東京大学

野寺　隆志　慶應義塾大学

インターネット時代の**数学**シリーズ

刊行にあたって

　コンピュータおよびそのアプリケーションソフトの急速な進歩の影響を受けて，数学に対する印象はずいぶん変わりました．以前の数学には「結構なものらしいが非常にむずかしく，修行を積まないと使いこなすことはできず，普通の人には近寄り難いもの」というイメージがありましたが，今では違います．使いやすい便利なソフトが続々と出現して，誰にでも手軽に使える身近な存在になりました．

　同時に，数学それ自体も変わりました．一言でいえば，高度化しました．以前は「むずかしい数学は専門家がもてあそぶもので，一般の生活には関係ない」というのが常識でしたが，最近はむずかしい数学が遠慮なく身近なところに現れてきています．たとえば，ホームページに写真を貼り付けようとすれば，すぐに画像圧縮が必要になり，離散コサイン変換の話が出てきます．ビジネスの世界でも，エレクトロニックコマースの実現にはまず暗号化が必要で，むずかしい整数論の話になります．感性で仕事をしているデザイナの人達にも，フラクタル，ベジエ，スプライン，**NURBS**などの知識が不可欠になってきました．

　これだけ世の中が変わったのですから，数学の教育も変わらなければいけません．数式処理ソフトを使えば，式の展開，因数分解，微分積分などの計算は即座にできてしまうので，そういう計算を手でやるための練習に時間を使うよりも，数式処理ソフトを活用して，もっと「その先」を学ぶべきでしょう．コンピュータグラフィクスをうまく使えば，立体幾何学がよく分かり，これまでより深く豊富な内容を理解できるはずです．

　このような趣旨で，**1997**年秋にbit誌の別冊として『インターネット時代

の数学』を編集・刊行したところ，たいへん大きな反響がありました．多くの方々から，これをさらに充実させて単行本にしてほしいという要望をいただきましたので，再度，編集委員会で相談し，このたび書籍のシリーズとして刊行することにいたしました．

シリーズの構成は，別冊時の精神を踏襲し，
① 代表的な数学ツールの紹介と基本的な使い方
② 新しい時代に不可欠な基礎数学
③ コンピュータ応用のための最新数学テクニック

の三点を考慮して，あらためて全 **10** 巻のテーマを選定しています．各著者には **bit** 別冊時の執筆者の皆様を中心にお願いし，それぞれ最新の情報を付け加えていただいたり，当時書き足りなかった部分などを大幅に加筆してくださるようお願いしました．また別冊では扱わなかったテーマもいくつか追加し，これらについてもすばらしい著者に執筆をお願いすることができました．

本シリーズが，新しい時代・新しい世紀における数学の位置づけに対し，一つの道標となることを願っております．

編集委員一同

まえがき

　インターネットが急速に日常生活に入り込みつつある．世界中の様々な情報が居ながらにして手に入る．日本以外の国でのショッピングが手軽にできる．海外の友人と気軽にメールのやりとりができる．

　その一方で，膨大な情報の中から望みのものを探し出すのに苦労している人も多いことだと思う．もちろん，そういったことを手助けしてくれる手段もいくつか提供されている．検索エンジンやリンク集などがそれだ．

　検索エンジンを使うには，普通はキーワードを入力し，それに該当する項目を探す．単一のキーワードだと多くのページが見つかりすぎる場合には複数のキーワードを入力したり，カテゴリを限定したりする．

　それでも痒いところに手が届かないことも多い．もう少しましな方法としては様々な条件の組合せを指示することである．スタンフォード大学には長期・短期の家／部屋のデータベースが整備されていて，ビジターが部屋を探すのに重宝している．このデータベースでは様々な検索が許されていて，たとえば

　　　アパートで，
　　　2ベッドルームで，
　　　家賃は1500ドルから2000ドルの間
　　　家具付きで
　　　他人とはシェアしない
　　　場所はPalo AltoかMountain View

のような指示を順次与えて行くことができる．ここで使われるのがANDやOR，それにNOTという論理演算，それに数の大小比較などである．数百のリストをこのような手法で数十まで絞り込み，後は一つ一つを当たればよい．

我々をとりまく情報環境を改善するには二つの側面があることがわかっていただけると思う．一つは情報が手に入るようにする技術（インターネット接続や情報の転送，検索エンジンの実装など）であり，もう一つは情報を選別したり加工したりする技術である．前者は情報の中身にあまり立ち入らなくても実現可能[1]であるが，後者はある程度人間と同じ情報処理をする必要がある．つまり，知的でなければならない．先ほどの部屋探しでも，人間のエージェント（代理人）なら，日あたりが良いとか，交通の便が良い，ショッピングセンターに近いなどの要求も聞いてくれよう．自分で数十ものリストを当たらなくても良い物件を探してきてくれるに違いない．

最近はソフトウェアエージェントといって，人間の代理としてインターネット上を動き回り情報検索や各種の予約，取引きの契約などを行うシステムが研究されている．また，将来は現在使われているオブジェクト主導[2]技術の次にエージェント主導技術がソフトウェア工学の中心になるという見方もある．これらのエージェントに要求されるのは，状況依存性，柔軟性，自律性である [15]．これらは人工知能で研究されてきた知能の中心課題でもある．

では，どういう理由で知能と集合や論理が関係するのであろうか？ 簡単な方から：論理とは人間の思考を定式化したものである．人間の思考のすべてが論理でとらえられるわけではないが，ある側面はとらえているだろう．特にエージェントに推論を肩代りさせるには絶好の定式化である．たとえば

前提1　猫は動物である．
前提2　トムは猫である．

の二つから

結論　トムは動物である．

を導き出すのを不自然だと思う人は少ないし，こういう方法で様々な規則を書くのも自然である．

では集合は何故関係があるのだろうか？ 一つには，論理のモデルを集合で与えることが多いという点がある．つまり，論理のモデルを構築していく上

---

[1] 情報圧縮を行う場合は，必要な情報とそうでない情報をある程度見分ける必要があるので，中身にも立ち入る場合がある．
[2] "object oriented" には "オブジェクト指向" という訳が定着しているが，"オブジェクト主導" の方が意味的には正しいと思っている．

で集合の考え方が自然なのである．そして，これは集合の考え方が実は人間のものの見方によく一致するということでもある（ただし，これは集合の基本的な部分だけかもしれないが）．もう一つは（上記に関係するのだが）素朴な集合の概念は物理的な実態に非常によくマッチするという点である．つまり，世界の記述に便利なのである．

　このような論理や集合の基礎を理解しないでも知的エージェントのプログラムはできよう．しかし，より良いエージェントの仕組みを考えるためには様々な原理を知っている方がよい．具体的な知識は，必要なときに参考書に当たればすむ．でも，どのような世界があるのかを知っておかないと何が既知で何が未知なのかがわからない．本書はそのような道案内となることを念頭に書かれている．知識より考え方をお伝えできればと思っている．

　本書では，まず1章で素朴な集合の考え方を述べ，2章では古典論理と呼ばれるオーソドックスな論理を紹介する．ここまでが基本的な部分である．集合や論理についてある程度知っている人はこれらを省いて読み始めてもよいと思う．続いて，3章で両者の関係について概観した後，4章で素朴な集合や論理の考え方の問題点やその解決の方向を見る．ここでは，人間の常識や直観に近い形で論理を展開する手法が中心となる．ここまでの準備に基づき，続く5章では有名なゲーデルの不完全性定理を簡単に紹介してみたい．厳密な定義や証明には別の本を一冊要するので，ここでは考え方の紹介だけにとどめる．最後の6章で今後の展開について私見を述べる．

2000年4月　　　　　　　　　　　　　　　　　　　　　　中島　秀之

目　　次

第1章　集合の基礎　　1
- 1.1　集合とは何か　　1
- 1.2　基本的な概念　　2
- 1.3　集合操作の組合せ　　7
- 1.4　集合とデータ構造　　11
- 1.5　集合と計算　　14

第2章　論理の基礎　　17
- 2.1　命題論理　　18
- 2.2　命題の真偽　　24
- 2.3　述語論理　　30
- 2.4　推　論　　35
- 2.5　モデル　　40
- 2.6　証　明　　41
- 2.7　融合原理　　47

第3章　集合と論理　　55
- 3.1　階層構造　　55
- 3.2　集合の内包的定義　　60
- 3.3　写　像　　63

第4章 発展　69

- 4.1 直観論理 … 69
- 4.2 論理型プログラミング … 71
- 4.3 多値論理 … 75
- 4.4 様相論理 … 75
- 4.5 一般限量子 … 83
- 4.6 状況計算とフレーム問題 … 85
  - 4.6.1 状況計算 … 85
  - 4.6.2 エール射撃問題 … 89
  - 4.6.3 波及問題と限定問題 … 92
- 4.7 非単調論理 … 95
- 4.8 線形論理 … 98
- 4.9 AFA … 103
- 4.10 状況理論 … 107

第5章 不完全性定理と知能　119

- 5.1 集合論のパラドックス … 119
- 5.2 論理のパラドックス … 124
- 5.3 パラドックスと自己言及 … 134
- 5.4 ゲーデルの不完全性定理 … 135
- 5.5 情報処理と人間 … 137

第6章 人工知能と複雑系の処理　139

- 6.1 人工知能と情報処理 … 139
- 6.2 限定合理エージェント … 140
- 6.3 複雑系 … 141
- 6.4 アルゴリズムからヒューリスティクスへ … 144

第7章 参考書　147

参考文献　149

索　引　153

第1章

集合の基礎

1.1 集合とは何か

集合 (set) の定義は『岩波数学辞典第3版』によると以下のようになっている:

> 直観または思考の対象のうちで，一定範囲にあるものを一つの全体として考えたとき，それを（それらの対象の）集合といい，その範囲内の個々の対象をその集合の**元**または**要素**という．

つまり，何でも（"ポチ"でも"猫"でも"2001"でも"1+1"でも"何でも"でも"緑の透明な夢"でも）よいから，思考の対象の単位としてとらえられるものを要素 (element) として，それらの集まりを考えれば，それが集合ということになる．当然，集合というのも思考の対象の単位であるから，要素になりうる．つまり集合の集合みたいなものも考えられる．

ただし，集合の要素は物体（個体）ではなく概念対象であるから，区別できないものは同じ（一つ）と見なされる点に注意しなければならない．たとえば，要素に名前をつけて $a, b, c, \ldots$ と呼ぶことにすると，"a と a の集合"は"a だけの集合"と同じものである．普通は a の集合というのは

$$\{a\}$$

のように書く．そうすると

$$\{a\} = \{a, a\} = \{a, a, a\} \ldots$$

ということになる．順序や繰返しに意味のある場合は**タプル** (tuple) といい，

$$\langle a, b, a \rangle$$

のような記法を用いる．

1.2 基本的な概念

集合とはものの集まりであるから，何を含み何を含まないかを決めれば集合を定義することができる．この集合の定義の仕方には基本的に2種類ある．

1. 外延的定義．集合の要素を書き並べることによって定義する．

$$\{ 月, 火, 水, 木, 金, 土, 日 \}$$

2. 内包的定義．集合の要素を直接に並べずに，要素の満たすべき性質を書いておく方法．

$$\{ x \mid x \text{ は曜日の名前} \}$$

ここでは"曜日の名前"のように日本語で条件を書いたが，我々の使う日常言語（日本語，英語，中国語など．自然言語 (natural language) ともいう）で条件を書くと，その条件が成立しているかどうかが曖昧になる場合もある．たとえば"きれいな花"という条件では人によって判定基準が異なるかもしれない．それを避けるため，ふつうは，条件判定が機械的に行える論理式で条件を指定する．

$\in$: **要素** 内包的定義でも，外延的定義でも，ある要素 a を持ってくると，それが集合 S に含まれるかどうかを決定することが可能である．a が集合 S の要素であることを

$$a \in S$$

と書く．同様に a が集合 S の要素ではないことを

$$a \notin S$$

と書く．

∅：**空集合**　要素が一つもない集合を**空集合**(empty set)という．先に述べた集合の記法に従い，{}と書くこともある．

$$\emptyset = \{x \mid x \neq x\}$$

という定義の仕方もある．$x \neq x$を満たすものは存在しないから，この集合には要素がないことになる．

∪：**和集合**　二つの集合A, Bの要素を合わせてできる集合を，それらの**和集合**(union)といい，$A \cup B$と書く．xがAあるいはBの要素であるときにxは和集合$A \cup B$の要素であり，また，Aの要素でもBの要素でもないものはそれらの和集合の要素でもない：

$$\text{for all } x, (x \in (A \cup B)) \text{ iff } (x \in A \text{ or } x \in B)$$

ここで，for all, iffやorは英語の単語であって，式の一部ではない（いずれ2.3節で論理式として定義するが，ここではまだ使わない）．for all xはどのようなxをもってきても，それ以下の式が成立するという意味である．X iff Yは，数学的には"XであるのはYのとき，かつそのときに限る"という意味の表現で，XとYが等価であることを示す．英語では"X if and only if Y"あるいは縮めて，"X iff Y"とすることが多い．

日本語で書けば

> すべてのxに対し，$x \in A \cup B$となるのは$x \in A$あるいは$x \in B$
> のときであり，かつそのときに限る

となるわけだが，長ったらしいのでしばらくは英語を使う[1]．

図示すると以下の陰影の部分が和集合である．各点は集合の要素，Aで示された円が集合Aに含まれる要素の範囲，Bで示された円が集合Bに含まれる要素の範囲，陰影が集合$A \cup B$に含まれる要素の範囲ということになる．

---

[1]論理学を作ってきた人たちがインド・ヨーロッパ系の言語を用いていたため，それに合わせて論理記法を開発してきたことが理由で，論理式と英語は相性が良い．

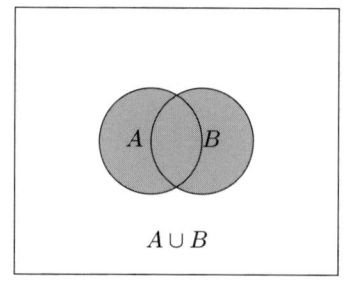

このような図を**ベン図**(Venn diagram) という．それぞれの円が特定の集合を表し，それらの組合せに対してどの範囲かを指定するのに用いられる．ベン図の各領域はそこに要素が存在している必要はなく，空でもよい．したがって上の $A \cup B$ の図は，その特殊な場合として以下の二つの場合（重なりが存在しない場合と，片方が他方を含んでしまう場合）を包含していると考える．（上記のような可能性を重視したものをベン図，下記のように実際の包含関係を重視したものを**オイラー図**(Euler diagram) と呼び，区別する．）

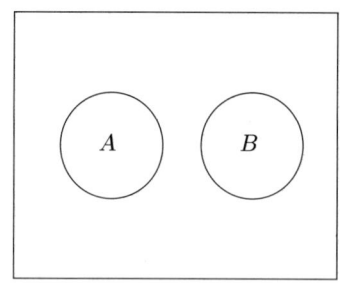

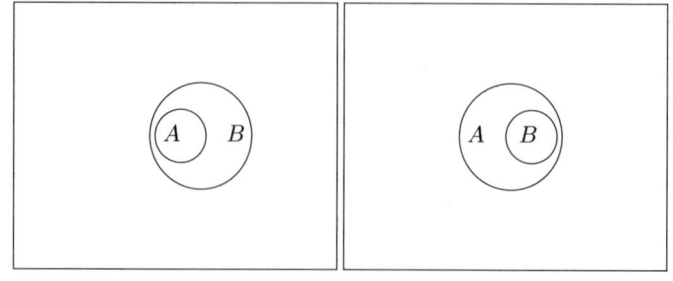

なお，ベン図では2次元平面上に図示する関係上，集合三つの関係までは表示できるが，四つ以上になるとすべての場合を尽くせなくなる．

∩：**積集合**　積集合 (intersection) は和集合と対 (dual) になる概念で，和 (or) の部分を積 (and) に取り替えればよい．集合の積は共通要素（共通部分）を取り出すこととして定義される．集合 A と集合 B の積集合を $A \cap B$ と書く．

x が A と B の両方の要素であるときに x は積集合 $A \cap B$ の要素であり，それ以外のものは積集合の要素ではない：

$$\text{for all } x, (x \in (A \cap B)) \text{ iff } (x \in A \text{ and } x \in B)$$

図示すると以下の陰影の部分が積集合である．

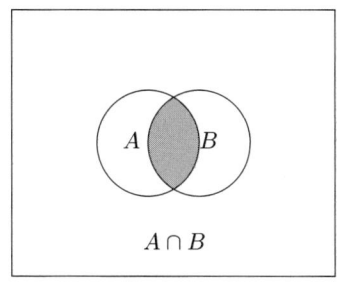

ここでちょっと断っておかなければならないのは "and/or" や "と／あるいは" の日常的な使用と集合的な意味とは必ずしも一致しないという点である．レストランで "You can take coffee or tea." あるいは "ランチにはコーヒーあるいは紅茶が付きます" といわれた場合には，それらの和集合の中から一つの要素を選べばよい．しかし，"ランチにはコーヒーとデザートが付きます" といわれた場合には，それらの積集合がくるわけではない．デザートにはケーキとフルーツがあるとして，

$$\{コーヒー\} \cap \{ケーキ, フルーツ\}$$

は空集合であることに注意されたい．コーヒーとデザートの両方がくることが期待されている．(この話題は線形論理（4.8節）のところでまた出てくる.)

−：**補集合**　ある集合 A の補集合 (complement) とは A に含まれない要素のみを含む集合のことである：

$$\text{for all } x, x \in \overline{A} \text{ iff } x \notin A$$

図示すると以下の陰影の部分が補集合である．

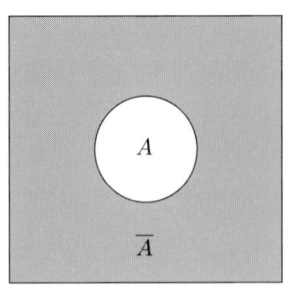

ところで，これまで図を長方形で囲ってきたが，補集合の場合はこの長方形に意味がある．これがないと，上の図では陰影でこの紙面全体（いや，宇宙全体）を覆わなければならなかったであろう．つまり，この長方形は集合の要素になりうるものの全体を表していたのである．普通はこの範囲は問題とする必要がないが，必要な場合には

$$\{x \in D \mid p(x)\}$$

のように，変数 x のとりうる範囲 D を明示する．なお，これは

$$\{x \mid x \in D \wedge p(x)\}$$

と書いたのと同じことである（$\wedge$ に関しては2.1節）．

$\subseteq$：**部分集合**　ある集合 A が別の集合 B の**部分集合** (subset) であるというのは，A の要素がすべて B の要素でもあることとして定義される：

$$A \subseteq B \text{ iff for all } x, (x \in B \text{ if } x \in A)$$

特別な場合として $A=B$ の場合 (iff) が含まれる．等号が成立しない場合には $A \subset B$ と書く．

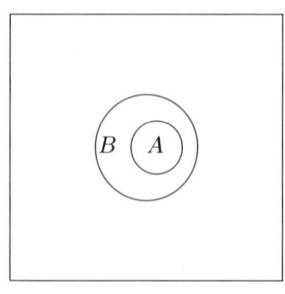

なお，空集合はすべての集合の部分集合である：

 for all A, $\emptyset \subseteq A$

P：巾集合 ある集合 A のすべての部分集合からなる集合を A の巾集合 (power set) といい，P(A) と書く．たとえば

 $A=\{1,2,3\}$

とすると，この部分集合は

 $\{\},\{1\},\{2\},\{3\},\{1,2\},\{1,3\},\{2,3\},\{1,2,3\}$

であるから

 P(A)=$\{\emptyset,\{1\},\{2\},\{3\},\{1,2\},\{1,3\},\{2,3\},\{1,2,3\}\}$

となる．
 集合 A の要素の数を n とすると，P(A) の要素の数は，各々の要素について含まれる場合と含まれない場合のすべての組合せであるから 2^n 個となる．

1.3 集合操作の組合せ

 集合の基本的な組合せ方がわかったところで，それらの組合せを考えよう．たとえば以下の二つの集合は同じものだろうか？

1. 日本人のうち，たばこを吸わないか酒を飲まない人
2. 酒を飲み，たばこも吸う人以外の日本人

日本人の集合を J，たばこを吸う人の集合を S，酒を飲む人の集合を D で表すことにすると，それぞれ，以下のように書ける：

1. $J \cap (\overline{S} \cup \overline{D})$
2. $\overline{(D \cap S)} \cap J$

これらは同じ集合なのだろうか？ 確かめるには様々な方法がある．以下ではベン図によるものと，集合の式の変形によるものを示す．
 まず，最初の集合 $J \cap (\overline{S} \cup \overline{D})$ をベン図で書いてみよう．

基本的なところから構成していく．まずは $\overline{S}$ と $\overline{D}$ から，

両者の和集合は以下のようになる．

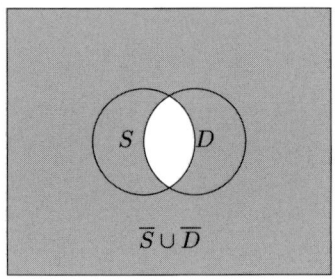

最後に J との積集合をとって完成である．

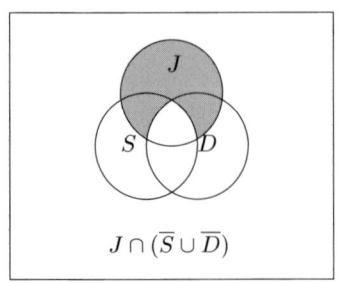

続いて，もう一方の集合 $\overline{(D \cap S)} \cap J$ をベン図で書いてみよう．
$D \cap S$ は

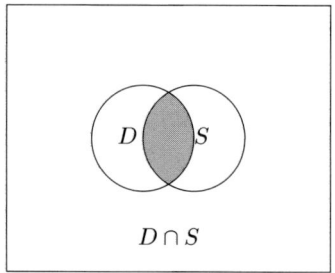

となるから，$\overline{D \cap S}$ は以下のとおり．

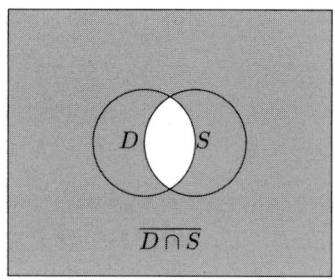

そして，最後に J との積集合をとって $\overline{(D \cap J)} \cap J$ が完成する．

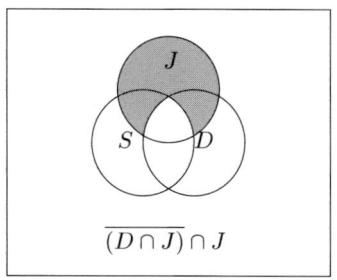

このようにして両者は同じものであることがわかる．
式の変形だけで $J \cap (\overline{S} \cup \overline{D})$ と $\overline{(D \cap S)} \cap J$ の同等性を示すこともできる．
∩ や ∪ はその定義から対称性が保証されている．つまり，

$X \cap Y = Y \cap X$

$X \cup Y = Y \cup X$

が成立する．したがって
$$J \cap (\overline{S} \cup \overline{D})$$
は
$$(\overline{S} \cup \overline{D}) \cap J$$
と同じである．

$$\overline{S} \cup \overline{D}$$

は**ドモルガンの法則** (law of de Morgan) により

$$\overline{S \cap D}$$

と同じである．ドモルガンの法則とは否定の分配に関する法則で，集合の場合には以下の二つが成立する：

$$\overline{(X \cap Y)} = \overline{X} \cup \overline{Y}$$
$$\overline{(X \cup Y)} = \overline{X} \cap \overline{Y}$$

ドモルガンの法則もベン図によって確かめることができる．

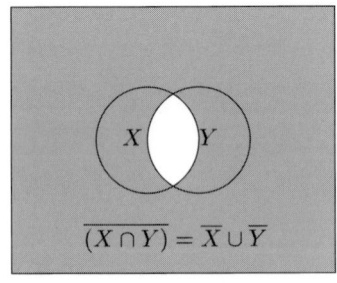

$$\overline{(X \cap Y)} = \overline{X} \cup \overline{Y}$$

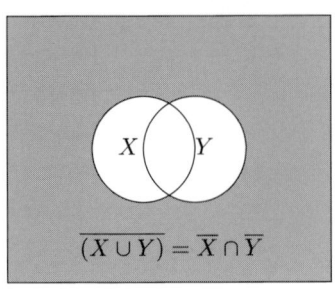

$$\overline{(X \cup Y)} = \overline{X} \cap \overline{Y}$$

以下に有用な等価変換を挙げておく．

$\overline{\overline{X}} = X$ （二重否定）
$X \cup Y = Y \cup X$ （交換）
$X \cap Y = Y \cap X$ （交換）
$X \cup (Y \cup Z) = (X \cup Y) \cup Z$ （結合）
$X \cap (Y \cap Z) = (X \cap Y) \cap Z$ （結合）
$X \cup (Y \cap Z) = (X \cup Y) \cap (X \cup Z)$ （分配）
$X \cap (Y \cup Z) = (X \cap Y) \cup (X \cap Z)$ （分配）

確認したい人はベン図を書いてみるとよいだろう．

1.4 集合とデータ構造

集合はその要素の並ぶ順序が変わったり重複があっても同じ集合である．たとえば以下の集合は全部同じものである．

$$\{a, b\} = \{b, a\} = \{a, b, a\} = \{b, b, b, a, b, a, \ldots\}$$

一方タプル (tuple) は順序（位置）を保存するから $\langle a, b \rangle$ と $\langle b, a \rangle$ は別ものであるし，$\langle a \rangle$ と $\langle a, a \rangle$ も異なる．これは計算機で用いられるリストや配列に近い．
しかしながら集合でタプルを表現することも可能であるし，その逆にタプルで集合を表現することも可能である．タプルは集合に順序という概念を追加したものであるから，そのまま対応させると，異なるタプルが同じ集合に対応する．つまり，単純にやるとタプルから集合への関数は多対一の関数となり（図 1.1），逆関数が存在するとは限らない．ちょっと工夫が必要である．
以下は集合でタプルを表現する（一対一対応がとれ，逆関数で戻せるようにする）よく知られた方法である：タプルの 1 番目の要素だけからなる集合，タプルの 1 番目と 2 番目の要素だけからなる集合，... タプルの 1 番目から n 番目の要素だけからなる要素，... を作り，それらの集合でタプルを表現する．
たとえば

$$\langle a, b \rangle$$

を

$$\{\{a\}, \{a, b\}\}$$

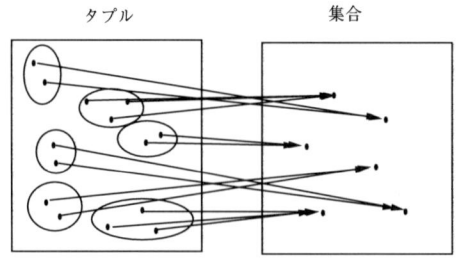

図 1.1　タプルから集合への単純な関数

で表すのである．この集合は

$$\{\{b,a\},\{a\}\}$$

と書いても同じであるが，いずれの場合も $\langle a,b \rangle$ に戻すのは簡単であることを確認されたい．

同様に，

$$\langle b,a \rangle$$

は

$$\{\{b\},\{a,b\}\}$$

で表されるし，

$$\langle a,b,c \rangle$$

は

$$\{\{a\},\{a,b\},\{a,b,c\}\}$$

となる．この方式ではすべてのタプルは集合に一対一に対応させることができるが，逆にタプルには対応させられない集合が存在する（図1.2）．

　別の関数を考えて，集合をタプルで表現するのは簡単である．そのままタプルだと思えばよい．しかしながら，一つの集合が多数のタプルに変換されうる．つまり，同じ集合に対応するタプルが存在する．つまり，タプルの集合の上に集合による**同値類**(equivalence class)が形成される（図1.3）．このような場合には同値類の代表元を一つ決めればよい．たとえば，集合に対応するタプルの要素をアルファベット順（要素がタプルの場合にはその要素のア

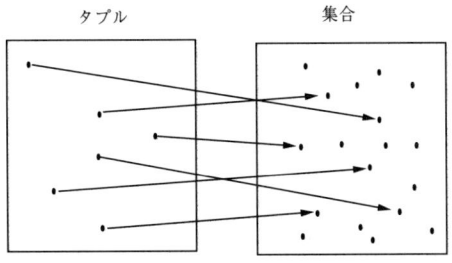

図 1.2 タプルから集合への関数

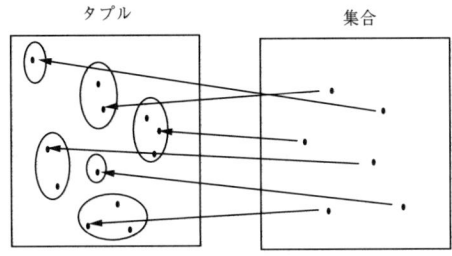

図 1.3 集合からタプルへの関数

ルファベット順) にソートして得られるタプルを代表元とし，集合はその代表元で表すことにすればよい．

　数学的にはすべてのデータ構造を集合で表すことが可能である．タプルの例を上に示したが，リストでも文字列でも配列でも基本的には同じことである．1次元配列とタプルは一対一に対応がつく．文字列は1次元配列と同じである．2次元以上の配列もタプルのタプルを考えればよい．リストもそのままタプルに対応させてもよいが，先頭と残りという必ず2要素を持つタプルに対応させる方がその後の操作が容易である．

　本書はデータ構造が主題ではないので，これ以上データの表現には立ち入らないが，集合との関係について少しだけ指摘しておく．集合の性質については様々なことがわかっているから，集合に対応させてデータ操作の正しさを検証することは意味がある．しかしながら，たとえば単純なタプル

$$\langle a, b, c, d \rangle$$

が

$$\{\{a\}, \{a,b\}, \{a,b,c\}, \{a,b,c,d\}\}$$

という集合になってしまうのだから，表現と計算の両方の意味で，効率はあまり良くない．

そもそも，現在の計算機のメモリは集合を表すのに適した構造をしていない．むしろタプルに近く，順序や重複に意味のある並びとなっている．その上で集合を表そうとすると，ソートしたり，重複を削除したりする操作が必要である．

1.5 集合と計算

集合さえあれば，原理的にはすべての計算が実行可能である．しかし，上で見たように計算の効率が良いとは限らない．

積集合の計算だけをとってみても，何も考えずに実行すると両方の集合の要素数の積に比例する時間がかかる．集合 A の要素数を m，集合 B の要素数を n としよう．集合 A から要素をとりだし，それが相手の集合に存在するか調べる．これには A の要素一つを，集合 B のそれぞれの要素と比べなければならないから，n に比例する時間がかかる．これを A の各要素に対して繰り返すから，全体の計算時間は $m \times n$ に比例することになる．これを，比例定数は使用する計算機などによって異なるため省略して，$O(mn)$ と書き，mn のオーダ (order) と読む．n と m がほぼ等しいとすれば $O(n^2)$ となる．要素をソート[2]したり，ハッシュ表[3] を使うなどの工夫をしてもチューリングマシン[4] では $O(n \cdot \log(n))$ が限界であろう．

プログラミング言語 Pascal などでは集合をビット列で表現する方法をとって計算を効率化している．これは，あらかじめ集合の全要素を並べあげてお

---

[2] 多数のデータを数字の順やアルファベット順などに整列させること．ソートしたデータをうまく表現しておくと比較が要素数の log のオーダでよい．

[3] データに特別な変換を加えて配列上に展開することにより，特定のデータの有無が変換計算のみで計算可能となる．計算オーダはデータ数に依存しない定数となる．

[4] チューリングマシン：アラン・チューリング (Alan Turing) が考案した仮想計算機．半無限の（始点はあるが，そこから片側に無限に伸びていて終点がない）テープと，そのテープに読み書きをしたり，その位置を左右にずらしたりすることのできるヘッドから構成される．さらに，ヘッドの動作を決めるプログラムがある．ヘッドで読んだテープの内容とプログラムによって次の動作が決まる．チューリングマシンは原理的に計算可能な関数はすべて計算できることが証明されている．なお，原理的に計算できないものも多く存在し，たとえば後で述べるゲーデルの不完全性定理はその一つを指摘している．同様に，あるプログラムを与えられたチューリングマシンが停止するかどうかの判定も一般的には計算できないものの一つである．

き，その順で各ビットを割り当てる．要素があれば1，要素がなければ0である．たとえばアルファベット1文字を要素とする集合は26ビットあれば表現可能で，

$$\{a\}$$

は1番目のビットが1で，

$$10000000000000000000000000$$

$$\{b\}$$

は2番目のビットが1で，

$$01000000000000000000000000$$

というように表す．

$$\{b, m, w\}$$

は

$$01000000000010000000001000$$

というビット列として表現できる．こうしておけば積をとる演算はビット列のANDをとる操作に，和をとる演算はビット列のORをとる操作に，補集合をとる演算はビット列のNOTをとる操作に，それぞれ対応し，単位演算として実行可能である．ハードウェアの演算がそのまま使えるので，要素数に依存しない定数オーダ，つまり$O(1)$である．残念ながら，この手法は集合の要素が有限で，しかもその数が比較的少ないときにのみ有効で，たとえば自然数全体のような無限集合には適用できない．

　逆に考えると，集合演算が定数時間でできるようになれば計算の世界が一変するに違いない．[38]

第2章

論理の基礎

> 人間はいずれ死す運命にある．
> ソクラテスは人間である．
> よってソクラテスはいずれ死す運命にある．

という**三段論法**(syllogism) は有名であるが，これはどのように定式化されるのであろうか？　本章では論理についてみていく．

　論理(logic) は人間の（論理的）思考を定式化しようとしたもので，ギリシャ時代のアリストテレス (Aristotle) ら以来研究されている[1]．英語では "formal reasoning" とも言う．日本語では**フォーマル**(formal) というのは，格式ばった，正式のものであるという意味があるが，"form" つまり " 形 " のみを問題にするのが形式論理である．

　人間はついつい中身（意味）に頼った推論をしがちであり，通常はこれが有用であるが，ゲームや数学の証明，ソフトウェアエージェントへの指示などの場面ではかえって間違いの元になりうる．また他人を説得するとき（論証の場合）にも結論の正しさをその内容以外の手段で訴える必要がある．そこで，中身によらない正しい推論を考える必要がある．

　もちろん，近年ではコンピュータによる自動証明や，エキスパートシステムの推論エンジン，論理プログラミングのようなプログラミング手段としての応用も忘れることができない．

---

[1] しかしながら本書で紹介するような記号系として定式化されたのは比較的最近のことで，1850年頃のブール (Boole) やフレーゲ (Frege) の仕事以降である．

2.1 命題論理

命題(proposition)というのは真か偽かという真偽値(truth value)が定められるような文のことである．どのような条件で真偽を判定できるのかによって，何が命題かの定義も変化するのであるが，詳しい話は4.10節に譲って，ここでは簡単な例だけを考えることにする．

文(sentence)というのは

1. カラスは黒い．
2. 白いカラスもいる．
3. 1足す1は2である．
4. 5の次の素数は7である．
5. 5の次の素数は1024である．

のような，ある（正しいとは限らない）意味内容を表現したものである．このような文の意味内容のうち，真偽が決められるようなもののことを命題というのである．3の文は以下のように書いても同じ意味であろう．

- 1足す1は2である．
- one plus one equals two.
- 1+1=2.

したがって，これらは同じ命題を表すと考える．

集合の場合と同じように，命題の間の演算が定義でき，演算の結果も命題である．

∨：論理和　論理和(disjunction)は以下のように定義される．

$$p \vee q \text{ iff } p \text{ or } q$$

集合の場合同様，iffやorは英語の単語であって，論理式の一部ではない．

命題どうしの関係も集合の場合と同様に図示することが可能である．以下の図において，陰影の部分が論理和である．

2.1 命題論理　19

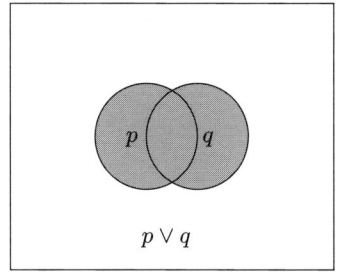

論理式の場合は別の表示の仕方もあって，**真偽表**(truth table) を作るものである．真 (true) を T，偽 (false) を F と書く．

p	q	$p \vee q$
T	T	T
T	F	T
F	T	T
F	F	F

これは，以下のようにベン図の各領域に真偽値を書いたのと同じである．

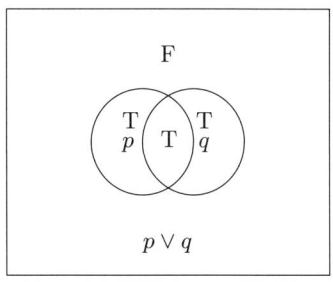

集合のところで述べたように "or" や " あるいは " の日常的な使用と論理的な意味とは必ずしも一致しない．しかも，集合と論理ではそのずれ方も異なる．上図のように論理和には両方を真にする場合が含まれるが，レストランで "You can take coffee or tea." あるいは " ランチにはコーヒーあるいは紅茶が付きます " といわれた場合に " 両方 " という答えは許されない．むしろ，論理和 (or) は日常用語の and に近いものであろう．" ランチにはコーヒーと紅茶が付く " ときに " では，コーヒーだけ下さい " というのは可能である．

このような日常用語との齟齬はあちこちで見られるので注意が必要である．とくに"ならば"に関しては23ページで再び触れることにする．

∧：論理積　　論理積 (conjunction) は以下のように定義できる．

$$p \wedge q \text{ iff } p \text{ and } q$$

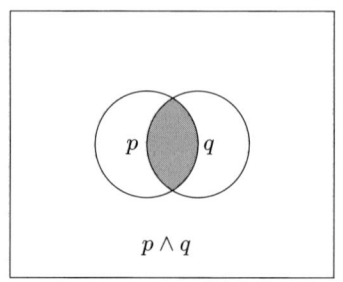

論理積の真偽表は以下のとおりである．

p	q	$p \wedge q$
T	T	T
T	F	F
F	T	F
F	F	F

¬：否定　　否定 (negation) は以下のように定義できる．

$$\neg p \text{ iff not } p$$

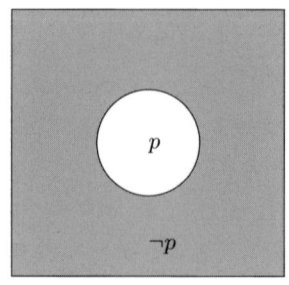

否定の真偽表は以下のとおりである．

2.1 命題論理　21

p	¬p
T	F
F	T

→：含意　$p \to q$ は "p ならば q である" という命題になり，**含意** (implication) と呼ぶ．

ここまで，ある命題が成立する範囲を図示してきたが直観的に理解していただけたと思う．しかし，この含意はちょっとやっかいである．敢えて図示すると以下のようになる．

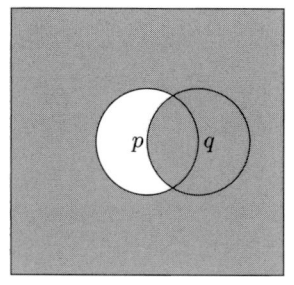

含意の真偽値は以下のようになる：

p	q	$p \to q$
T	T	T
T	F	F
F	T	T
F	F	T

このうち 3 行目と 4 行目は p が偽なら q がどうであれ（何を持ってきても）$p \to q$ は真であるということを言っている．これは一見，我々の直観（言葉による表現など）と合わないように思える．たとえば"明日雨が降れば野球が中止だ"という文は，雨が降らなかった場合にも野球を中止することにしていても真となる，というのは直観とは異なる[2]．

しかしながら，変数を導入した論理（これは述語論理といって，次の節で

---

[2] しかし，よくよく考えてみると"明日雨が降れば野球が中止だ"という文は雨が降らなかったときのことについては何も言及していないのである．雨は降らなかったが，交通ストで野球が中止になることもある．これには文句が言えまい．

取り上げる）を考えるとこれは自然な決定であることがわかる．たとえば次のような命題を考えよう：

$$x = 2 \to x^2 = 4$$

"xが2なら，その自乗は4である"というごく自然な命題である．この命題は$x=1$のときには，$x \neq 2$で，前提が偽だから全体の命題も偽と考えるべきだろうか？ やはり，xの値が何であっても上記の命題は成立すると考えるのが自然であろう．そういうわけで，pが偽の場合は$p \to q$はqの真偽にかかわらず成り立つというのが自然である．

ついでにもう4点ばかり．

まず1点目．$p \to q$の真偽と$\neg p \vee q$の真偽は一致する（$\neg p \vee q$の真偽表を書いて確認されたい）．

2点目．$p \to q$のpの側を前提，qの側を結論と呼ぶことにするが，前提や結論には他の論理式がきてもよい．たとえば$(p \wedge q) \to \neg r$も含意を表す論理式である．さて，前提の方を増やすとどうなるだろうか？ pよりも$p \wedge q$の方が条件が強いので，pが真でも$p \wedge q$は偽になるかもしれない．前提が偽になると，先の真偽表により，含意の式全体は真になる．つまり，含意において前提条件を強めると全体は真に近づく（つまり，狭い範囲に制限すれば結論づけられる範囲が増える）．最も条件の強い（成立範囲が小さい）のが常に偽である命題（F）である．そしてF$\to q$はどんなqに対しても常に真である．逆に前提を弱めると含意全体としては成立範囲が狭くなる．最も条件の弱いのがT（つまり常に真になる）で，この場合，T$\to q$の真偽はqの真偽と一致する．

含意の前提条件がFの場合には結論に何がきてもよいわけだから，結論を書くだけ無駄である．したがって含意の前提条件が書いてない場合にはTだと思えばよい．（あるいは以下のようにも考えられる．$p \to q$は$\neg p \vee q$と等価だから，これらからpを除いた$\to q$とqとは等価になって欲しい．$\neg \text{T} \vee q$はqと等しいが，T$\vee q$はTと等しい．したがって前提の省略はTに等しいと定義するのがよい．）

反対に結論の条件を強めれば全体は偽に近づくし，弱めれば全体は真に近づく．$p \to$Fの真偽は$\neg p$の真偽に一致する（真偽表を書いて確認されたい）．含意の結論が書いてない場合にはFだと思えばよい．（あるいは，$p \to q$は$\neg p \vee q$と等価だから，$p \to$は$\neg p$と等価になって欲しい．これは$\neg p \vee$Fに等しいから，

結論の省略はFに等しいと定義するのがよい．)

3点目は**対偶**(contraposition)の話である．次の真偽表を考えてみよう．

p	q	$\neg p$	$\neg q$	$\neg p \leftarrow \neg q$
T	T	F	F	T
T	F	F	T	F
F	T	T	F	T
F	F	T	T	T

これは $\neg p \leftarrow \neg q$ の真偽表である（矢印が逆を向いているのに注意）．$p \rightarrow q$ の真偽表と比べてみると，一番右の列がTFTTと同じ並びになっていることがわかる．これは $p \rightarrow q$ の対偶と呼ばれ，命題の真偽と含意の方向を全部ひっくり返したものである．上の表から，ある含意の真偽とその対偶の真偽とは等価であることがわかる．

4点目に，含意($\rightarrow$)は**因果関係**(causality, causal relation)ではないことに注意する必要がある．ある命題の真偽とその命題の対偶の真偽が一致することは上で述べた．では"お腹が空くとご飯を食べる"という文の意味を

$$お腹が空く \rightarrow ご飯を食べる$$

だと考えてその対偶をとると

$$\neg ご飯を食べる \rightarrow \neg お腹が空く$$

となり，"ご飯を食べないとお腹が空かない"ことになってしまう．

論理式は因果関係を表すものではない！ 世界のできごとの間の客観的な記述をしているにすぎない．先の命題は"ご飯を食べる"という事象と"お腹が空く"という事象の間に包含関係が存在すること：

$$ご飯を食べる事象の集合 \subseteq お腹が空く事象の集合$$

を主張しているにすぎない．つまり，お腹が空かないのにご飯を食べることはない，あるいはご飯を食べているときはお腹が空いたときである，という主張である．

つまり，集合の包含関係と同様に，$p \rightarrow q$ は命題 q が命題 p を包含していると考えればよい．これを図示すると以下のようになる．

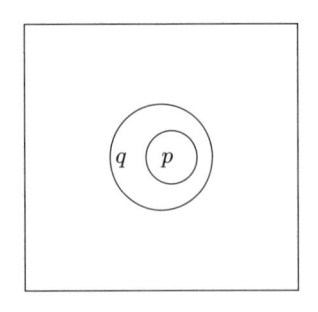

含意と因果の異なるもう一つの例としては，

　　［含意］フェラーリを持っている人は金持ちだ．
　　［因果］フェラーリを買うと貧乏になる．

というのがある．前者はフェラーリは高い車だからそれが買える人はお金を持っている人の部分集合であるという静的関係を示し，後者はフェラーリを買うことにより持ち金が減るという動的な因果関係を示している．

2.2 命題の真偽

命題の真偽を決めることを**解釈**(interpretation)という．最初に示した例において，次の1と2のように一見矛盾する内容の命題もある：

1. カラスは黒い．
2. 白いカラスもいる．

どちらかが真であればもう一方は偽であろう．しかし，どちらが真であるのかは命題だけからは決められない．実際にどうなっているのかを調べる必要がある．ある世界では1が真で，別の世界では2が真かもしれない．あるいは，もっと異なった世界では黒いことと白いことが同時に成立するかもしれない．このような現実の世界のようなもののことをモデル（2.5節）という．つまり，解釈とは命題とモデルから真偽を決めることである．ちなみに，すべてのモデルで真になる命題を**恒真命題**あるいは**トートロジー**(tautology)と呼び，形式論理では通常これだけが問題にされる．トートロジーというと同語反復と訳され，"正しいものは正しい"のような中身のない議論として非難に使う場合もあるが，形式論理においてはこのような論理的に等価な変形が重要であ

る．後で詳しく述べるが，たとえば次の命題はトートロジーの例である：

$p \to p$
$p \lor \neg p$
$p \to (p \lor q)$
$(p \land q) \to p$
$p \to \neg\neg p$
$\neg\neg p \to p$
$(p \to q) \to (\neg q \to \neg p)$
$(\neg p \to \neg q) \to (q \to p)$

最初のものは**排中律**(law of excluded middle)と呼ばれるもので，その名の示すとおり，ある論理式pは，それが真かさもなくばその否定が真であり，その中間はないというものである．ただし，これはすべての論理体系で成立するわけではなく，オーソドックスなもの（**古典論理**(classical logic)と呼ばれる）でのみ成立する．

最後の二つは対偶と呼ばれている．なお，最後の二つと似ているが，pとqの順序の逆転しない

$(*)(p \to q) \to (\neg p \to \neg q)$

は，**裏**(reverse)，また，否定の伴わない逆転

$(*)(p \to q) \to (q \to p)$

は，**逆**(converse)とそれぞれ呼ばれており，共にトートロジーではない[3]．(本書では(*)で始まる規則は正しくない例である．)

各々の規則は以下のような真理表で確かめることができる．

---

[3]逆がトートロジーでないことがわからない人がいるようである．たとえば百歩譲って

不良 → 髪を染める

が正しいと仮定しても

髪を染める → 不良

は正しいとは限らないのだが，高校ではこの理屈が通用しているようである．

$p \to p$

p	$p \to p$
T	T
F	T

$p \lor \neg p$

p	$\neg p$	$p \lor \neg p$
T	F	T
F	T	T

$p \to (p \lor q)$

p	q	$p \lor q$	$p \to (p \lor q)$
T	T	T	T
T	F	T	T
F	T	T	T
F	F	F	T

$(p \land q) \to p$

p	q	$p \land q$	$(p \land q) \to p$
T	T	T	T
T	F	F	T
F	T	F	T
F	F	F	T

$p \to \neg \neg p$

p	$\neg \neg p$	$p \to \neg \neg p$
T	T	T
F	F	T

$\neg\neg p \to p$

p	$\neg\neg p$	$\neg\neg p \to p$
T	T	T
F	F	T

$(p \to q) \to (\neg q \to \neg p)$

p	q	$p \to q$	$\neg q$	$\neg p$	$\neg q \to \neg p$	$(p \to q) \to (\neg q \to \neg p)$
T	T	T	F	F	T	T
T	F	F	T	F	F	T
F	T	T	F	T	T	T
F	F	T	T	T	T	T

$(\neg p \to \neg q) \to (q \to p)$

p	q	$\neg p$	$\neg q$	$\neg p \to \neg q$	$q \to p$	$(\neg p \to \neg q) \to (q \to p)$
T	T	F	F	T	T	T
T	F	F	T	T	T	T
F	T	T	F	F	F	T
F	F	T	T	T	T	T

　二重否定の二つ規則や，待遇に関する二つの規則は方向が反対の含意のペアである．したがって

　　　$p \to q$

と

　　　$\neg p \leftarrow \neg q$

の間は自由に行き来できることになる．このようなものを**等価変換** (equivalence) といい，

　　　$p \to q \equiv \neg p \leftarrow \neg q$

のようにも書く．つまり，$p \equiv q$ は

　　　$(p \to q) \land (p \leftarrow q)$

のことだと思ってよい．

ちなみに

$$(\neg q \to \neg p) \to (p \to q)$$

の方は

$$(p \to q) \to (\neg q \to \neg p)$$

と

$$\neg\neg p \to p$$

とから証明できる．

対偶や他にも有用な等価変換規則はたくさんある．有名なものの一つが，ドモルガンの法則と呼ばれるもので，否定を含む式の変換である．集合のドモルガンの法則に対応する論理のドモルガンの法則は以下のようになる：

$$\neg(p \land q) \equiv \neg p \lor \neg q$$
$$\neg(p \lor q) \equiv \neg p \land \neg q$$

これは論理式だけを見ていてもピンとこないかもしれない．しかし，次のような言い換えは自然に感じられるだろう：

妻と夫が悪いわけではない $\equiv$ 妻が悪くないか，夫が悪くない
妻か夫が悪いわけではない $\equiv$ 妻が悪くなく，夫も悪くない

他にも有用な等価変換があるので挙げておく：

$\neg\neg p \equiv p$ （二重否定）
$p \lor q \equiv q \lor p$ （交換）
$p \land q \equiv q \land p$ （交換）
$p \lor (q \lor r) \equiv (p \lor q) \lor r$ （結合）
$p \land (q \land r) \equiv (p \land q) \land r$ （結合）
$p \lor (q \land r) \equiv (p \lor q) \land (p \lor r)$ （分配）
$p \land (q \lor r) \equiv (p \land q) \lor (p \land r)$ （分配）

確認したい人は真偽表を書いてみるとよいだろう．

なお，二重否定が元の式と等価にならない論理システムも考えられている（たとえば4.1節の直観論理）．この場合，$p \to \neg\neg p$は成立するが，$\neg\neg p \to p$が成立しない．

トートロジーは，すべてのモデルで正しい論理式のことであった．これは"たまたま"正しいのではなく，必然的に正しいのでモデルに言及することなく，式の形だけから"形式的に"証明できる．この反対にどのようなモデルでも成立しない（つまり，必然的に偽である命題）命題もある．

$$p \wedge \neg p$$

がその典型例である．このように，ある命題とその命題の否定が同時に成立することを**矛盾** (contradiction) と呼ぶ．論理体系は矛盾しては困るので，そうならないように推論規則を作る必要がある．

なお，"aが白い"と"$\neg(a$が白い$)$"は論理的矛盾であるが，"aが白い"と"aが黒い"は論理的矛盾ではないことに注意されたい．白いことと黒いことの間には論理的（形式的）な関係はなく，意味上（モデル上）の関係が存在するだけである．

このような意味上の関係は，推論規則の他に**公理** (axiom) として与えられる．公理とは，恒真命題ではないが，無条件に正しいとして与えられた論理式の集合である．たとえば上記の色の関係は

aが白い $\to \neg\, a$が黒い
aが黒い $\to \neg\, a$が白い

という二つの公理として与えることが可能である．これは特定の物体aについてだけの言明であるからあまり一般性がない．もう少し一般的に記述するには2.3節で紹介する述語を使う必要がある．少しだけ先に見ておくと以下のようにすべての物体について言明することが可能となる（一般にはすべての色の関係についても述べる必要があるからもっと複雑になる）．

$\forall x\, 白(x) \to \neg\, 黒(x)$
$\forall x\, 黒(x) \to \neg\, 白(x)$

このように形式論理に公理を加えたものが，特定の世界を表す**理論** (theory) となる．そして，その世界で正しいものを**定理** (theorem) と呼ぶ．定理は公理

と推論規則から導ける真の論理式の集合である．

2.3 述語論理

　命題論理は変数が使えないので，実際に何かを計算するという知的エージェントの文脈ではあまり使いものにならない．通常は関係と個体を分離し，関係を表す**述語**(predicate) と，個体を表す変数を導入して，様々な個体に関して同時に述べることのできる**述語論理** (predicate logic) が使われる．

　集合の前提として要素があったように，述語論理の前提として，"もの"と，それらの間の"関係"がある．たとえば特定の物体 "bag1" の "price" が特定の値段 "money1" であるという関係を

　　　price(bag1, money1)

のように表す．これは bag1 と money1 の間に price という関係が成立しているという命題である．"もの"とその属性(property)はこのような2項関係となる．特別な場合として，0項関係や1項関係があり，0項関係は"もの"に言及することなく成立するし，1項関係は一つの"もの"だけで成立する．1項関係の例は dog, fly などで，分類(classification)と呼ばれることもある．

　述語論理が有用なのは"もの"を表す対象変数が使えることである．たとえば x を変数，a を定数だとすると on(x,a) という式は，何かが a の上(on)にあるというふうに読める．しかしこれだけでは，x の値に依存するので，式の真偽値を決めることができない．述語論理が面白いのはこれらの変数に**限量子**(quantifier)をつけて，変数の範囲を明示できるからである．これを使うことにより，"すべてのカナリアは鳥である"というような記述が可能になる：

$$\forall x\ \mathrm{canary}(x) \to \mathrm{bird}(x)$$

$\forall$ は "ALL" の A をひっくり返したもので，"すべての"と読む．これを**全称記号**(universal quantifier)と呼ぶ．また，$\exists$ は "EXISTS" の E をひっくり返したもので，"存在する"と読む．これを**存在記号**(existential quantifier)と呼ぶ．

　これらの限量子を連ねて書くときはその順序が重要である．

$$\forall x \exists y\ \mathrm{loves}(x, y)$$

という式は

$$\forall x(\exists y\ \text{loves}(x,y))$$

と同じで，すべてのxに対し，$\text{loves}(x,y)$という述語を満たす（xに依存した）yを決めることができるという文（すべての人には，それぞれに愛する人がいる）である．限量子の順序を入れ換えた

$$\exists y\forall x\ \text{loves}(x,y)$$

という式はある一定のyが存在して，すべてのxに対し$\text{loves}(x,y)$という述語を満たす（すべての人に愛される特定の人がいる）という文になる．

$$\forall x\forall y\ \text{loves}(x,y)$$

と

$$\forall y\forall x\ \text{loves}(x,y)$$

は共にすべての人が（自分を含む）すべての人を愛しているという文になる．

$$\exists x\exists y\ \text{loves}(x,y)$$

は，xを持ってくればそれに対応してyを決めることのできるxの存在（恋人yのいるxが少なくとも一人存在すること）を示しているが，この文の真偽は

$$\exists y\exists x\ \text{loves}(x,y)$$

のようにと，xとyを入れ換えても変わらない．

　一般に∀だけや∃だけの連続はその順序を変えても真偽は不変である．したがって，多くの変数を伴う論理式はいちいち限量子を付けないで先頭の一つで代表させることがある．たとえば

$$\forall x\forall y\forall z\ p(x,y,z)$$

を

$$\forall x,y,z\ p(x,y,z)$$

と書くこともある．

否定が含まれるとどうなるだろうか？

$$\neg \forall x \exists y \, \text{loves}(x, y)$$

は

$$\forall x \exists y \, \text{loves}(x, y)$$

の否定であり，

"すべての x に対して，それぞれ適当な y を決めること" ができない

という文になる．これは，

$$\exists x \neg \exists y \, \text{loves}(x, y)$$

(love関係にある y が存在しないような x が存在する）と同じである．さらに

$$\exists x \forall y \, \neg \text{loves}(x, y)$$

(すべての y に関してlove関係が存在しないような x が存在する）と同じである．このように限量子を否定の内側から外側に持ち出すと∃と∀が入れ替わる．"すべて p" の否定は "p でないものが存在する" であるし，"p が存在する" の否定は "すべて p でない" となる．

$$\neg \forall x \exists y \, \text{loves}(x, y) \equiv \exists x \neg \exists y \, \text{loves}(x, y) \equiv \exists x \forall y \, \neg \text{loves}(x, y)$$

というわけである．

述語論理についてまとめておこう．述語論理は式の形と，その変形規則（推論規則ともいう）によって定義される．変形規則については2.4節以降で扱う．

述語論理式は以下のものより構成される：

- **定数** (constant)．通常 $a, b, c, \ldots$ のように表す．
- **変数** (variable)．通常 $x, y, z, \ldots$ のように表す．変数の値として定数と項だけを許すものが**一階述語論理** (first-order predicate logic) と呼ばれ，述語や命題を許すものが**高階述語論理** (higher-order predicate logics) と呼ばれている．

- **項** (term). 関数記号 (functor) の後ろに引数が並んだもの. 定数は0引数の関数記号と考えてもよい. 定数や変数も項の一種として考える方が都合がよいので, 以下ではそうする.
- **述語**. 述語記号の後ろに項が複数 (0を含む) 並んだもの. これを**原子論理式** (atomic formula) という.
- **論理結合子**. $\land, \lor, \lnot, \rightarrow$.
- **限量子**. 変数の範囲と存在を規定するもの. $\forall, \exists$.

述語論理はProlog[32]に代表される論理型プログラミング言語の基礎となり, プログラミングの考え方に大きな影響を与えた. 論理型プログラミングについては4.2節で詳しく紹介する.

さて, ここで本章の最初に紹介した

> 人間はいずれ死す運命にある.
> ソクラテスは人間である.
> よってソクラテスはいずれ死す運命にある.

という三段論法に戻ろう.

このような日本語の文を論理式に変換するには通常は以下のような対応を考える:

もの	定数
概念, 性質	(1引数) 述語
動作, 関係	(多引数) 述語

これに従うと:

ソクラテス	定数:Socrates
人間である	述語:human
いずれ死す運命にある	述語:mortal

となる. そして,

> 人間はいずれ死す運命にある.

という規則は

$$\forall x \; \text{human}(x) \rightarrow \text{mortal}(x)$$

と書ける．続いて，

　　　ソクラテスは人間である．

という文は

$$\text{human}(\text{Socrates})$$

となる．そして，結論の

　　　ソクラテスはいずれ死す運命にある．

は

$$\text{mortal}(\text{Socrates})$$

となる．

　推論についても簡単に見ておこう．規則

$$\forall x \; \text{human}(x) \rightarrow \text{mortal}(x)$$

はすべての x について $\text{human}(x) \rightarrow \text{mortal}(x)$ が成立すると言っているのだから，$x=\text{Socrates}$ と置き換えても成立する．つまり，

$$\forall x \; \text{human}(x) \rightarrow \text{mortal}(x)$$

が論理的に正しければ

$$\text{human}(\text{Socrates}) \rightarrow \text{mortal}(\text{Socrates})$$

も論理的に正しい．そして，この規則の前提

$$\text{human}(\text{Socrates})$$

が成立しているのだから，結論

$$\text{mortal}(\text{Socrates})$$

も成立する．

高階述語論理 ここまでは変数の値としては，定数や項のような，論理式が表す対象に関するものだけを仮定してきたが，述語や命題のような論理式自身を値とする変数（それぞれ，述語変数，命題変数と呼ぶ）を含むような述語論理体系を高階述語論理という．

高階述語の典型的なものは真偽を意味する True, False である．

$\text{True}(p)$

$\text{True}(\forall x\ p(x))$

$\forall x\ \text{False}(x) \to \text{True}(\neg x)$

などのように書くが，その実例は5.2節でお目にかける．高階述語論理に関しては停止する証明アルゴリズムが存在しないので，実用に使われることは少ない．

2.4 推論

論理で重要なのは**演繹** (deduction) という概念である．これはある論理式から，別の論理式を導く概念である．といっても何でもよいわけではない．正しい論理式から正しい論理式を導くように定める．

この，演繹に使われる規則のことを推論規則という．通常は横棒の上側に最初の論理式，下側にそれから導ける論理式を書いて，

$$\frac{p}{q}$$

のように表す．

たとえば

$$\frac{p \quad p \to q}{q}$$

は命題論理の（通常，三段論法と呼ばれる）推論規則である．これはpという論理式と$p \to q$という論理式からqという論理式が導けることを示している．

ここでpとqは論理式，その間の横棒は推論規則の適用を表す記号（論理記号ではない）である（その右側に適用した規則の名前を書くこともある）．対象となる論理式と，この横棒のような，論理式の間の関係を表す説明用の記号（メタ記号という）を混同しないようにして欲しい．また通常，論理式を

表すメタ変数としてギリシャ文字を用いることも多い．たとえば，上記の

$$\frac{p}{q}$$

は特定の推論を表すのに対し，

$$\frac{\Delta}{\Gamma}$$

は一般の推論を表す．Δ や Γ には任意の論理式が入ってよいので，たとえば

$$\Delta \vee \neg \Delta$$

が成立すれば，以下のような論理式は全部成立する：

$p \vee \neg p$
$(p \rightarrow q) \vee \neg (p \rightarrow q)$
$(p \vee q) \vee \neg (p \vee q)$
$\ldots$

たとえば**自然演繹**(natural deduction) と呼ばれるシステムで使われる推論に以下のものがある．詳細な定義は後（2.6節）に譲るとして，ここではその概略を示そう（右に書いてあるのは規則の名前である）：

$$\frac{\Gamma \quad \Delta}{\Gamma \wedge \Delta}(\wedge 導入) \qquad \frac{\Gamma \wedge \Delta}{\Gamma} \quad \frac{\Gamma \wedge \Delta}{\Delta}(\wedge 削除)$$

左が $\wedge$ の導入規則，右が $\wedge$ の削除規則である．このように，推論規則は各々の論理演算子ごとに対で定められる．$\wedge$ は左右対象だから，その削除規則にはペアになるもう二つの規則が存在する．

$\vee$ に関しては以下のようになる．

$$\frac{\Gamma}{\Gamma \vee \Delta} \quad \frac{\Delta}{\Gamma \vee \Delta}(\vee 導入) \qquad \frac{\Gamma \vee \Delta \quad \Gamma \rightarrow \Lambda \quad \Delta \rightarrow \Lambda}{\Lambda}(\vee 削除)$$

$\vee$ 導入の規則は，任意の論理式を付け加えてもよいことを意味している．$\vee$ 削除の方は，ちょっと複雑である．Γ か Δ かどちらかであることがわかっており，しかもそのどちらからでも同じ論理式 Λ が含意される場合には Λ を推論してよいというものである．

次に $\rightarrow$（含意）についての規則を見ておこう．まずは簡単な削除から．

$$\frac{\Gamma \quad \Gamma \rightarrow \Delta}{\Delta}(\rightarrow 削除)$$

Γが成立し，しかもΓ → Δが成立していればΔを推論してよい．これがいわゆる三段論法に相当する．

次に→の導入規則である．

$$\frac{\overset{(\Gamma)}{\Delta}}{\Gamma \to \Delta} (\to 導入)$$

これはΓを仮定して，Δが導出されたら，Γ → Δを導出してよいという2段構えの規則である．元々のΓは成立していないかもしれないものを仮定したので，規則の使用後は消しておく必要がある．その意味で括弧内に入っている[4]．

もう一つだけ示しておこう．

$$\frac{\forall x\ P(x)}{P(a)}$$

すべてのxに関してP（任意の述語を表す変数である）が成立するなら，それは任意の定数aに対しても成立するというものである．実際にはこれが単独で使われることは少なく，上記の三段論法と組み合わされる：

$$\frac{\mathrm{canary(Tweety)} \quad \dfrac{\forall x\ \mathrm{canary}(x) \to \mathrm{fly}(x)}{\mathrm{canary(Tweety)} \to \mathrm{fly(Tweety)}}}{\mathrm{fly(Tweety)}}$$

ところで，これまでに見たすべての論理式は$p \to q$という形に変形できる（$p \to q$は$\neg p \vee q$と同値であることを思い出して欲しい）．以下に変形の例を示す（括弧内は省略可能）：

---

[4]仮定と導出の関係をより厳密に書くには⊢という記号を導入する必要がある（2.6節）．

	元の式	変形後の式
(1)	p	$(T) \to p$
(2)	$\neg p$	$(T) \to \neg p$
(3)	$\neg p$	$p \to (F)$
(4)	$p \wedge q$	$(T) \to p \wedge q$
(5)	$p \wedge q$	$\neg p \vee \neg q \to (F)$
(6)	$p \vee q$	$(T) \to p \vee q$
(7)	$p \vee q$	$\neg p \to q$
(8)	$\neg p \vee q$	$p \to q$
(9)	$p \vee q$	$\neg q \to p$

同じ式が様々な形の $\Delta \to \Gamma$ という式に変形できることがわかる．(たとえば (4) と (5)，あるいは (6) と (7) と (9)．) また，ある式が $\to$ の右から左に移ると $\neg$ が付くのも観察できる（(2) から (3)，あるいは (4) から (5)）．

実際

> すべての論理式が $\Delta \to \Gamma$ という式に変形できる

ことがわかっている．しかも，Δ は基本式が $\wedge$ で結合されたもの，Γ は基本式が $\vee$ で結合されたものにできる．基本式とは一つの述語（$p(x), q(a, f(x), y)$ など）あるいはその否定（$\neg p(x), \neg q(a, f(x), y)$ など）である．変数は皆一番外側（左端）で $\forall$ で束縛される．この形式は節形式と呼ばれ，様々な場面で重要となるので覚えておいてもらいたい．論理式の節形式の変換は 2.7 節で述べる．

なお，演繹 (deduction) の他に，**帰納推論** (induction) や**アブダクション** (abduction) による推論の研究も行われている．演繹が規則から事実を導出するものであるのに対し，帰納は事実から規則を，アブダクションは結果から原因を導出するものである．図式的には以下の関係が成立する．

- 演繹：

$$\frac{\Delta \quad \Delta \to \Gamma}{\Gamma}$$

あるいは意味的には

$$\frac{\text{前提} \quad \text{前提} \to \text{結論}}{\text{結論}}$$

- 帰納:
  $$\frac{\Delta \quad \Gamma}{\Delta \to \Gamma}$$
  あるいは意味的には
  $$\frac{前提 \quad 結論}{前提 \to 結論}$$

- アブダクション:
  $$\frac{\Gamma \quad \Delta \to \Gamma}{\Delta}$$
  あるいは意味的には
  $$\frac{結論 \quad 前提 \to 結論}{前提}$$

　論理的には，これらのうち演繹だけが正しい操作である．より正確にいうと，演繹だけが論理的に**健全**(sound)（41ページ参照）な操作である．帰納やアブダクションを無制限に適用すると様々な，論理的にも実用上も無意味な結論が導かれてしまう．したがってこれらを適切に適用するためには論理式以外の，記述対象に関する様々な知識を必要とする．

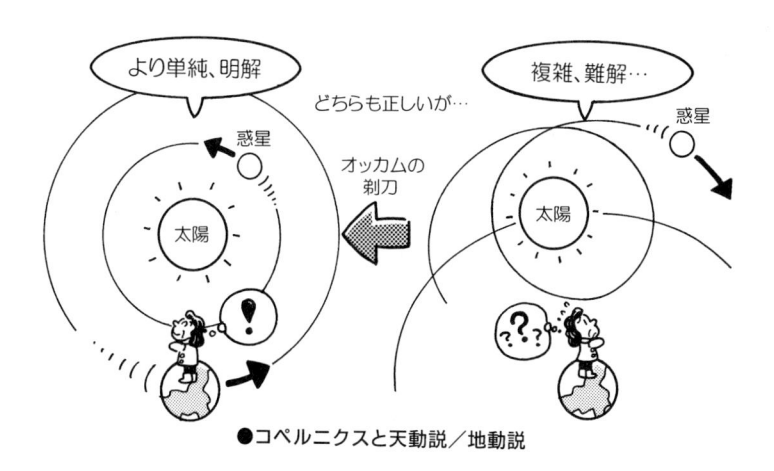

●コペルニクスと天動説／地動説

　帰納推論は様々な観測事実から規則を導くもので，自然科学の世界では多く用いられている手法である．科学的発見というのはたいがいこれである．観測事実に合う規則は無数に作れる（たとえば地動説でも天動説でも天体の運行が同程度に予測可能である）ので，より単純な規則を選ぶ（この選考基準

をオッカムの剃刀(Occum's razor)と呼ぶ)などの別の選考基準が必要である.

アブダクションは推理小説(あるいは実際の捜査)で多く採られる手法で,現場に残された手がかり(結果)から犯人(原因)を同定しようとするものである.豊富な規則を熟知し,そのなかから適切なものを選択する必要がある.シャーロックホームズはアブダクションの名手である.

2.5 モデル

論理というのは,何かを定式化しようとして構築されている.古典論理が推論を定式化しようとしてできたことは前に述べたが,それ以外にも知識,時間変化,因果関係など様々なものの定式化が試みられている.定式化(formalize)されたあとは,上で見たように形(form)の操作だけで,様々な推論が可能になるが,これらの定式化の本当の目的は論理で表現したいものの方にある.しかしながら,この本当の目的の方は理論家の頭の中にだけ存在しているもので形式化できない(だからこそ形式論理を持ち出してくるのである).そこで,それらのモデル(model)を考える.この形式と内容のモデルの対応づけのことを(形式の)解釈という.

したがって,モデルとは論理式に解釈を与えたもののことである.解釈とはdogという述語を"犬"のこととする,あるいはs(0)という項を自然数の1のこととする,など論理の世界と別の世界を対応させることである.通常はモデルは現実世界(あるいは数のような抽象概念)のように,よくわかっているものをとり,ここで真偽が決められる[5].

このように定数記号dogとその解釈"犬"とは別の概念で,厳密には区別しなければならない.たとえば[ ]で解釈を表し,[dog]=犬(これは論理式ではなく,モデルの上の式)のこととする場合も多いが,この区別を省略してしまい"犬"をdogと書いてしまうことも多い[6].

例として一階述語論理の以下のような公理を考えてみよう.

$$\forall x\ p(0, x, x)$$

---

[5] 論理変数からモデルの個体への関数を **assignment**(ここでの解釈に相当する)と呼び,論理式の意味は,論理式だけでなくassignmentをパラメタとして定めるというのが最近の流行である.つまり,論理式の意味関数を論理式とassignmentの対から真偽値への関数とする方法である.

[6] 実際,ここでは英語と日本語を使い分けて両者の違いを表しているが,全部英語あるいは全部日本語で書いてしまった場合には[dog]=dog(フォントの違いに注目)のように書かざるをえない.また,後で不完全性定理のところで見るように両者を積極的に一致させる場合もある.

$$\forall x, y, z \; p(x,y,z) \to p(s(x), y, s(z))$$

これは我々のよく知っている自然数をモデルにとることができ，対応は以下のようになる．(以下で，α, β, γ は任意の項とする．)

論理式	モデル
0	0
$s(\alpha)$	$\alpha + 1$
$p(\alpha, \beta, \gamma)$	$\alpha + \beta = \gamma$

そうすると上記の論理式はモデルの上での以下の関係を表していることがわかる：

$0 + \alpha = \alpha$

$\alpha + \beta = \gamma$ ならば $\alpha + 1 + \beta = \gamma + 1$

モデルで成立することが定理になる場合（つまり，すべての正しい式が推論可能である場合），その論理／推論規則は**完全**(complete) であるという．また，逆に，すべての定理がモデルでも成立する場合（つまり，推論できるものは正しい式に限る場合），その論理／推論規則は**健全**(sound) であるという．論理が完全かつ健全であるとき，演繹可能な式と，モデルの上での正しさが一致する．

論理の世界	モデルの世界
真の論理式	領域の性質
偽の論理式	対応する概念なし
変数	対応する概念なし
定数	個体（領域の要素）

2.6 証 明

何かを証明するときに用いるのが**推論規則**(inference rule) である．論理式の**証明**(proof) とは公理（あらかじめ正しいとして与えられた論理式の集合）から出発して，推論規則を適用することによりその論理式に到達することである．

ある論理式の集合$\{p,q,\ldots,r\}$（全部）から別の論理式の集合$\{s,t,\ldots,u\}$（のどれか）が演繹されるということを

$$p,q,\ldots,r \vdash s,t,\ldots,u$$

のように書く．これはpとqと$\ldots r$が全部成立しているときに，sあるいはtあるいは$\ldots u$のどれかが成立すると読む．前節で使った$p \to q$との類似点と相違点に注意してほしい．類似点は

1. 意味的にほぼ同じであること．
2. 左辺は and で結合されていること．
3. 右辺は or で結合されていること．
4. 両者は相互に変換可能であること．

相違点は，$p \to q$は一つの論理式であるが，$\Delta \vdash \Gamma$は二つの論理式の集合ΔとΓの間の関係について述べる（一段高階の）文章である．カンマで区切られた論理式は順序を変えても構わないので，その集合をΓやΔで表し，$\Gamma \vdash \Delta$と書く．そして$\vdash$の左辺や右辺の$\Gamma \cup \Delta$を共にΓ, Δで表す．つまり，

$$\Gamma \vdash \Delta$$

は以下のような式のことである：

$p \vdash p$
$p, q, r \vdash s, \neg t$
$p, q \vdash (p \wedge q), (p \to q), r$
$p, q, \ldots, r \vdash s, t, \ldots, u$

どのような推論規則を想定するかで論理が変わる．そのような推論規則を記述するために，ゲンツェン (Genzen) は統一的な書き方を定めた．たとえば，よく用いられる推論規則[7]には以下のようなものがある．

---

[7] 推論規則の体系には様々なものがある．大きく分けると自然演繹 (natural deduction)（Nで示す）とシーケント計算 (sequent calculus)（Lで示す）があり，それぞれがまた古典論理の体系(Kで示す)と直観論理の体系（Jで示す）に分かれる．ここで記述しているのは古典論理のシーケント計算LKである．詳しい説明は別の参考書（[35], [40] など）を参照されたい．

1. 前提／結論を弱める (weakening)

$$\frac{\Gamma \vdash \Delta}{\Gamma, A \vdash \Delta}$$

Γ から Δ が証明できるときには，Γ に任意の式 A を加えてもやはり Δ が証明できるという意味である．これは，逆に下から上に読んで Γ と任意の式 A から Δ が証明できることを示したければ，A を取り去ったものから Δ が証明できればよい（必要条件ではなく，十分条件），という方向に使うことの方が多い．

左辺（前提条件）は and で結合されているから，新たな条件を加えても式の真偽は不変である．ただし，式の適用条件がきびしくなっているのであるから，規則自体は弱くなっている．

$$\frac{\Gamma \vdash \Delta}{\Gamma \vdash \Delta, A}$$

同様に右辺（結論）は or で結合されているから，新たな可能性を追加しても真偽は不変である．場合の数が多くなっているのだから結論としては弱くなる．

2. $\wedge$ 導入

$$\frac{\Gamma \vdash A \quad \Delta \vdash B}{\Gamma, \Delta \vdash A \wedge B}$$

別々の前提から A と B がそれぞれ個別に証明できるなら，両者を合わせた前提からは $A \wedge B$ も証明できるという意味である．これも，通常は下から上に読んで，$A \wedge B$ が証明できることを示したければ，それぞれを個別に示せばよい，という方向に使う．

3. $\wedge$ 削除

$$\frac{\Gamma \vdash A \wedge B}{\Gamma \vdash A} \qquad \frac{\Gamma \vdash A \wedge B}{\Gamma \vdash B}$$

$\wedge$ の片方は無条件に消去できる．

4. $\vee$ 導入

$$\frac{\Gamma \vdash A}{\Gamma \vdash A \vee B} \qquad \frac{\Gamma \vdash B}{\Gamma \vdash A \vee B}$$

$\vee$ は無条件に追加できる．

5. $\vee$ 削除

$$\frac{\Gamma \vdash A \vee B \quad \Delta, A \vdash C \quad \Theta, B \vdash C}{\Gamma, \Delta, \Theta \vdash C}$$

これは文章表現した方がややこしくなるので説明省略．

6. ∀ 導入

$$\frac{\Gamma \vdash F(a)}{\Gamma \vdash \forall x F(x)}$$

(ただし，a は $\Gamma, F(x)$ 中には自由変数として現れないこと．)

これはちょっと説明が必要な規則かもしれない．この規則は任意の定数 a をとってきて証明できれば，すべての定数において成立するということを表している．この場合 a が特定のものでないことが重要である．なお，自由変数として現れないというのは，

$$\exists a G(a)$$

のように一部に別の限量変数としてなら現れてよいという意味である．自由変数として現れるような以下の推論は間違いである．

$$(*)\frac{F(a) \vdash F(a)}{F(a) \vdash \forall x F(x)}$$

7. ∀ 削除

$$\frac{\Gamma \vdash \forall x F(x)}{\Gamma \vdash F(a)}$$

この場合は a が他に現れていてもよい．

8. ∃ 導入

$$\frac{\Gamma \vdash F(a)}{\Gamma \vdash \exists x F(x)}$$

この場合は a が他に現れていてもよい．

9. ∃ 削除

$$\frac{\Gamma \vdash \exists x F(x) \quad \Delta, F(a) \vdash \Theta}{\Gamma, \Delta \vdash \Theta}$$

(ただし，a は $\Gamma, F(x), \Theta$ 中には自由変数として現れないこと)

10. → 導入

$$\frac{\Gamma, A \vdash B}{\Gamma \vdash A \to B}$$

37ページの → 導入規則の別の書き方である．

11. → 削除

$$\frac{\Gamma \vdash A \quad \Delta \vdash A \to B}{\Gamma, \Delta \vdash B}$$

いわゆる三段論法である．

実際の推論の場合には A や B の式には変数や限量子が含まれていることが多い．たとえば例のソクラテスの規則は

$$\forall x \; \text{human}(x) \to \text{mortal}(x)$$

であった．

$$\vdash \text{human}(\text{Socrates})$$

（この場合は前提なしでよいから⊢の左は空）と

$$\vdash \forall x \text{human}(x) \to \text{mortal}(x)$$

を直接組み合わせるわけにはいかないから，いったん∀削除規則を用いてこれを

$$\vdash \text{human}(\text{Socrates}) \to \text{mortal}(\text{Socrates})$$

にしておいてから→削除規則を適用する．まとめると以下のようになる：

$$\cfrac{\vdash \text{human}(\text{Socrates}) \quad \cfrac{\vdash \forall x \; \text{human}(x) \to \text{mortal}(x)}{\vdash \text{human}(\text{Socrates}) \to \text{mortal}(\text{Socrates})}}{\vdash \text{mortal}(\text{Socrates})}$$

Prologなどの論理型言語で使われている融合（2.7節）は，このように→削除と∀削除と組み合わせたものだけですべての推論を行うものである．

12. ¬導入

$$\cfrac{\Gamma, A \vdash B \land \neg B}{\Gamma \vdash \neg A}$$

A を仮定して矛盾したら A ではないという，いわゆる背理法である．

13. ¬削除

$$\cfrac{\Gamma \vdash \neg\neg A}{\Gamma \vdash A}$$

推論規則の説明が終ったところで，証明に関係する概念をまとめておこう．

公理 真であると決めた論理式の集合．特定の理論を構築するために用いられる．

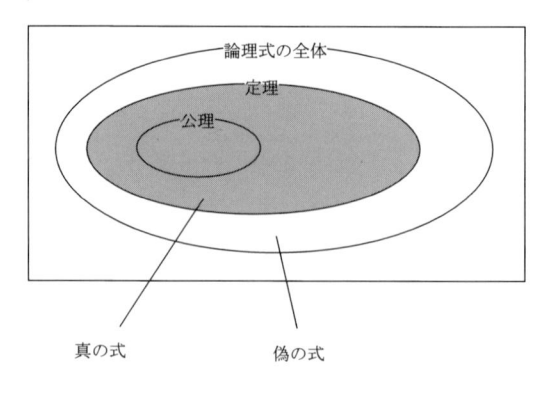

図中: 論理式の全体／定理／公理／真の式／偽の式

図 2.1 論理式の世界

定理 公理から，推論規則を用いて証明することのできる論理式の集合．概念的には，公理から出発し，推論規則を適用できる限り適用することを続けていけばそのうち定理に到達する．しかし通常は p が含まれていれば，定理には同時に $p \wedge p \wedge p \wedge \ldots$ のような式が含まれるので，上記の手続きは止まらないし，定理も無限集合になる．

証明 ある式が定理であるかどうかを確かめる操作を証明という．そうすると，証明は推論とは逆の順序になる．つまり，証明したい式を一番下に書き，それを推論する式を上に重ねていく．そして公理に到達すればそこで止まるわけである．

ただし，これを実際に実行するには重大な問題がある．たとえば三段論法の式を下から上に使うことを考えてみよう．つまり p を証明したいとする．そのためには $q \to p$ と q という二つの式を証明すればよい．これには二つの問題がある：

1. 証明すべき式が増えた．
2. 証明したい式には含まれない q という命題を見つけなければならない．

特に後者の操作はアブダクションと呼ばれ，探索範囲が広いうえに，機械的な方法が見つかっていない．

定理を求める具体的な計算手続きが必要であるが，述語論理の限量子を含む式に関しては，このような一般的な手続きが存在しないことが証明されて

いる．もう少し詳しく言うと，定理を与えれば止まる計算手続きは存在するが，定理でない式を与えた場合には止まらないかもしれない[8]．次節で述べる融合原理はこのような手続きの例である．ちなみにPrologは，融合される節の順序に制限を加えているので，正しい式でも止まらない（間違った探索の枝に入り込んで出てこない）ことがある．

2.7 融合原理

Prologなどの論理プログラミングの基礎となった**融合原理**(resolution principle)あるいは**導出原理**は，ただ一つの推論規則だけから成立している．それを説明するのには若干の準備が必要である．まず以下の推論規則を考えよう：

$$\frac{\Delta \to \Gamma, p \quad p, \Lambda \to \Theta}{\Delta, \Lambda \to \Gamma, \Theta}$$

従来は論理式のカンマで区切った並びは

$$\Gamma \vdash \Delta$$

のように⊢で示される"証明"関係の両側にしか現れなかった．ここではこれを拡張して→の両側にもカンマで区切った論理式を書くことにする．これを**節**(clause)形式という．

節形式への変換を例を使って説明しよう．

> 世の中の人は，皆に愛されているか，食べ物があれば幸せである．

この規則は論理式としては以下のように表せるとしよう．

$$\forall x \; \text{human}(x) \to ((\forall y \; \text{love}(y,x) \lor \exists y \; \text{eat}(x,y)) \to \text{happy}(x))$$

1. →を削除する．これには，$\Delta \to \Gamma$ を $\neg\Delta \lor \Gamma$ で置き換える．

$$\forall x \; \neg \; \text{human}(x) \lor (\neg(\forall y \; \text{love}(y,x) \lor \exists y \; \text{eat}(x,y)) \lor \text{happy}(x))$$

2. 否定を内側に移動する．これにはドモルガンの法則(28ページ)を使う．

---

[8] このように，解がある場合は停止してそれが出力されるが，解がない場合には停止しないかもしれないアルゴリズムの性質を**半決定的**(semidecidable)という．

$$\forall x \neg \text{ human}(x) \lor ((\exists y \neg \text{ love}(y,x) \land \forall y \neg \text{eat}(x,y)) \lor \text{happy}(x))$$

3. 変数名を付け変えて重複がないようにする.

$$\forall x \neg \text{ human}(x) \lor ((\exists y \neg \text{ love}(y,x) \land \forall z \neg \text{eat}(x,z)) \lor \text{happy}(x))$$

4. ∃を消去する.
   たとえば

$$\exists x p(x)$$

という式は, 他と異なる定数 a を持ち込むことによって

$$p(a)$$

と表すことができる (44ページの∃削除規則参照). また,

$$\forall x \exists y p(x,y)$$

という式は, すべての x に対して適当な y が存在し, $p(x,y)$ となるという意味だから, 他と異なる関数 f を持ち込むことによって y を x の関数とすることができる. これを**スコーレム関数** (Skolem function) という. 一般に∃変数は, それより外にあるすべての∀変数の関数として消去できる.

$$\forall x \neg \text{ human}(x) \lor ((\neg \text{ love}(\text{f}(x),x) \land \forall z \neg \text{eat}(x,z)) \lor \text{happy}(x))$$

5. ∀を先頭に移す.

$$\forall x \forall z \neg \text{ human}(x) \lor ((\neg \text{ love}(\text{f}(x),x) \land \neg \text{eat}(x,z)) \lor \text{happy}(x))$$

6. ∀を取る.

$$\neg \text{ human}(x) \lor ((\neg \text{ love}(\text{f}(x),x) \land \neg \text{eat}(x,z)) \lor \text{happy}(x))$$

7. 式を正規化する. 分配則などを使い, 内側から原子式, 否定, or, and の順に並ぶように変形する.

$$(\neg \text{ human}(x) \lor \neg \text{ love}(\text{f}(x),x) \lor \text{happy}(x)) \land$$
$$(\neg \text{ human}(x) \lor \neg \text{ eat}(x,z) \lor \text{happy}(x))$$

8. ∧を消去する．
   andを消去して別々の節に分解する．

   ¬ human(x)∨¬ love(f(x),x) ∨ happy(x).
   ¬ human(x)∨¬ eat(x,z) ∨ happy(x).

9. ∨を消去する．
   最後に∨をカンマで置き換えれば節形式が完成する．

   ¬ human(x), ¬ love(f(x),x), happy(x).
   ¬ human(x), ¬ eat(x,z), happy(x).

これが節形式であるが，最後にそれぞれの節を $\Delta \to \Gamma$ に戻すと推論の形になる．

   (human(x), love(f(x),x) → happy(x)).
   (human(x), eat(x,z) → happy(x)).

→の左のカンマは¬p∨¬qの否定，p∧qの∧の部分に相当する．→の右のカンマは（この例では現れなかったが）元々の∨に相当する．

さて，最初の推論規則に戻ろう：

$$\frac{\Delta \to \Gamma, p \quad p, \Lambda \to \Theta}{\Delta, \Lambda \to \Gamma, \Theta}$$

これ自体はpを仲立ちとして推論していくもので，このΔ, Λ, Γが空の場合が三段論法

$$\frac{\to p \quad p \to \Theta}{\to \Theta}$$

に相当する（pと→pが等価であるのを思い出して欲しい）．どちらの場合も，下辺は上辺の論理的帰結になっている．

融合では，この推論図式を上から下に使って証明してしまおうというのである．

ただし述語論理の場合，上で単にpと書かれている式は，述語論理の原子式（∧,∨,→,¬などのつかない，述語とその引数だけの式）である．変数が含まれるかもしれない．したがって話はもう少し複雑になる．つまり，命題論

理では同じ命題 p として考えればよかったものが，述語論理では変数を含んだ二つの式 p, p' を考えなければならない．たとえば

$$p = \text{kill}(\text{Brutus}, x)$$
$$p' = \text{kill}(y, \text{Caesar})$$

を考えよう．この p と p' の式の変数に適当な値を代入したり，別の変数で置き換えることにより（どちらも**置換** (substitution) と呼ばれる）同じ形にする操作を**単一化** (unification) という．上の例では $[x/\text{Caesar}, y/\text{Brutus}]$ という置換がそれに当たる．置換は，先に述べたように演繹の一つである．置換を θ のようなギリシャ小文字で表し，式の後ろに書くことによってその置換を適用した値を示す．たとえば

$$\theta = [x/a, y/b, z/x]$$

のとき，

$$p(x,y,z)\theta = p(a,b,a)$$
$$q(1,y,z)\theta = p(1,b,a)$$
$$r(x,y,w)\theta = p(a,b,w)$$

のようになる．z は x 経由で a になっている点に注意．

ここまでの準備で融合の1ステップが定義できる．$p\theta = q\theta$ のとき，以下の推論規則が成立する（つまり以下の推論が論理的に正しいものである）：

$$\frac{\Delta \to \Gamma, p \qquad q, \Lambda \to \Theta}{\Delta\theta, \Lambda\theta \to \Gamma\theta, \Theta\theta}$$

融合では論理式の集合（公理）を使って，別の論理式を証明する．証明したい論理式を否定し，公理の集合に加える．これから矛盾が導出できれば元の（否定されない）論理式が証明できたことになる．矛盾は

$$\Delta \wedge \neg\Delta$$

であるが，融合ではこれらの式は一緒になって空（□と書く）となる：

$$\frac{\to \Delta \quad \Delta \to}{\square}$$

つまり，空が導出できれば証明成功である．この証明法は，**背理法**(reductive absurdity)の一種であるが，結論の否定を反駁する形になるので**反駁法**(refutation)とも呼ばれる．

どの規則どうしをどの順で融合するかに関しては様々な戦略が存在する．この戦略は一般的な意味では探索の問題であるが，論理的な証明（あるいは推論）に特化された手法も多く研究されている．このような定理の証明はまだまだ人間の得意な分野で，自動証明はいまのところ補助程度にしか実用化されていない．

以下で代表的な融合戦略を紹介しておく．これらはいずれも

　　　得られたものはすべて元の節からの論理的帰結である

という意味で健全な戦略である．しかし，

　　　証明可能なものはすべて特定の戦略で生成できる

という意味での完全性はない戦略もある．

なお，以下では融合に使う元の節の集合を入力節と呼ぶ．

- 幅優先戦略
  これは，節の間の融合可能なあらゆる組合せについて子供の世代を作っていくものである．i 世代目の子孫は片方の親が $i-1$ 世代で，もう一方は 0 から $i-1$ 世代までのすべての組合せとなる．入力節が 0 世代目となる．
  これは完全性のある戦略であるが，効率は恐ろしく悪い．10個の節から始めても，第1世代は最大90節，第2世代は $90(10+89)=8910$ 節，というように $O(10^{2^n})$ の勢いでどんどん膨らんでいく．
- 支持集合戦略
  融合の親を，支持集合に限るもの．通常は支持集合として入力節と，質問の否定，そしてそれらの融合によって新たにできた節を用いる．つまり，最初は入力節と質問節のみを支持集合とし，入力節どうしあるいは入力節と質問節との融合の子孫を支持集合に順次加えていくもの．
- 入力導出
  融合の片方の親を，入力節に限るもの．つまり，融合の子孫どうしの

融合は行わない．

- 線形導出

  入力導出のもう一方の親を質問の否定とその子孫に限るもの．証明図が一直線に並ぶのでこの名がある．

  最初は質問の否定と入力節から始めるが，後はこの融合の結果の節と入力節との融合だけが許される．この戦略は完全ではない．ただし，入力がホーン節という特殊な形（Prologで用いられている規則の形．72ページ参照）に限られている場合には，完全な戦略となる．Prologはこの戦略を基本にしているが，節の選択を自動化するためにさらに順序の制限が追加されており，完全ではない戦略となっている．つまりPrologでは，論理的には証明可能な質問に対し，証明に失敗したり停止しないプログラムが存在する．

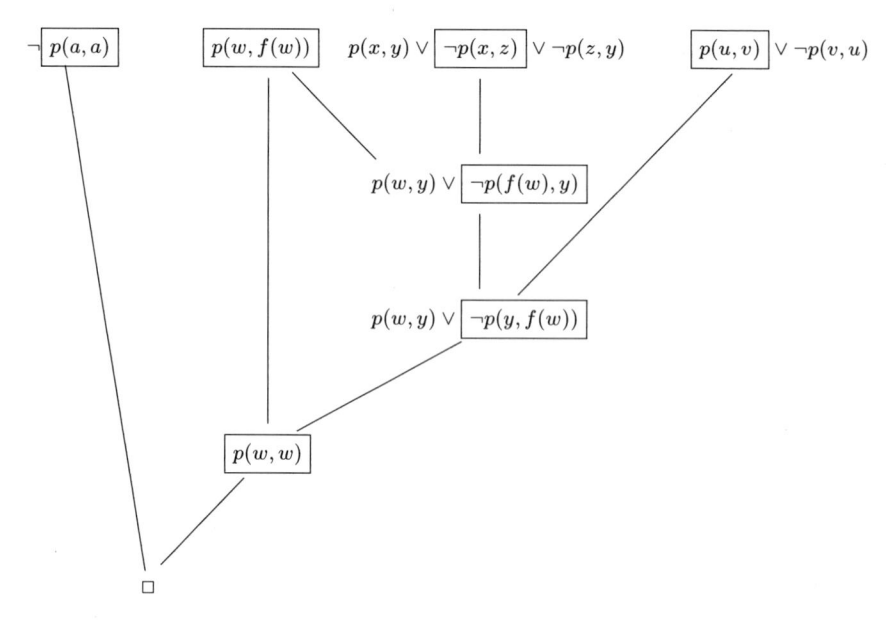

$$
\begin{array}{c}
\neg p(a,a) \quad p(w,f(w)) \quad p(x,y) \vee \neg p(x,z) \vee \neg p(z,y) \quad p(u,v) \vee \neg p(v,u) \\
p(w,y) \vee \neg p(f(w),y) \\
p(w,y) \vee \neg p(y,f(w)) \\
p(w,w) \\
\square
\end{array}
$$

図 2.2 導出の例

図2.2と図2.3に同じ節集合を用いた異なる戦略による導出の例を挙げておく．用いる節集合はどちらも以下のとおりである：

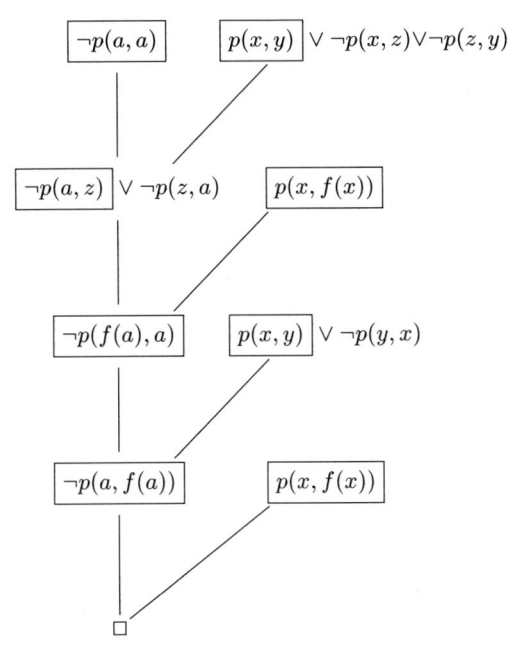

```
         ┌─────────┐   ┌──────────────────────────────┐
         │ ¬p(a,a) │   │ p(x,y) ∨ ¬p(x,z) ∨ ¬p(z,y)   │
         └────┬────┘   └────────────┬─────────────────┘
              └──────────┬──────────┘
                         │
   ┌──────────────────────┐   ┌─────────────┐
   │ ¬p(a,z) ∨ ¬p(z,a)    │   │ p(x,f(x))   │
   └──────────┬───────────┘   └──────┬──────┘
              └──────────┬───────────┘
                         │
        ┌─────────────┐   ┌───────────────────┐
        │ ¬p(f(a),a)  │   │ p(x,y) ∨ ¬p(y,x)  │
        └──────┬──────┘   └─────────┬─────────┘
               └──────────┬─────────┘
                          │
        ┌──────────────┐   ┌─────────────┐
        │ ¬p(a,f(a))   │   │ p(x,f(x))   │
        └──────┬───────┘   └──────┬──────┘
               └──────────┬───────┘
                          □
```

図 **2.3**　線形導出

$p(x,y) \lor \neg p(y,x)$

$p(x,y) \lor \neg p(x,z) \lor \neg p(z,y)$

$p(x,f(x))$

ちなみに，これは p という関係が対称律（1行目），推移律（2行目）を満たしているという公理である．3行目は任意の x に対して p を満たす別の値 $f(x)$ の存在を示している．このときにさらに反射律 $p(x,x)$ を満たすことを証明する．そのためには，まずこの結論を否定する．$p(x,x)$ は

$\forall x\, p(x,x)$

のことであるから，この否定は

$\neg \forall x\, p(x,x) = \exists x \neg p(x,x)$

であり，これを節形式にすると

$$\neg p(a, a)$$

となる．図2.2は支持集合戦略の図である．融合される節の一方は必ず最上位（元の節集合）の節である．なお，単一化に使われる式を枠で囲んで示してある．図2.3は同じものの線形導出の例である．こちらはさらに条件がきつく，一方は入力節（質問の否定）かその子孫である．図のように証明が線形となるのが特徴である[9]．

---

[9]証明には図に示したように巧妙な順序で融合を繰り返す必要があり，Prologでは停止しないプログラムとなってしまう例である．

第3章

集合と論理

本章では集合と論理の様々な関係について述べる．集合と論理の理解を深めることに役立つことを期待して書いているが，読み飛ばしても差し支えない．

3.1 階層構造

概念の**階層**(hierarchy)表現は，基本的には集合とその部分集合の関係として扱うことができる．たとえばすべての生物から構成される"生物"集合には"動物","菌類","植物","原生生物","原核生物"という五つの部分集合があり，さらに"動物"集合には"脊椎動物"や"昆虫","頭足類"など数え切れない程の部分集合がある（図 3.1）．

自然界に存在する個体をこのように分類し，整理することを博物学というが，これらの分類の基本は属性の共有である．つまり，同じ属性を共有するものを一つにまとめ，その属性を持たないものと区別するのである．たとえば脊椎動物は"脊椎を持つ"という属性を共有しているし，この属性は他の分類の動物には見られない特徴である．

ただし，特定の分類の持つ属性をそれ以外のものが持たないというわけではない．生物には生物特有の性質がある．生物と非生物を区別できるような性質を決める試みは古くからなされているが，いまだに成功していない．生物の特徴としては，自己増殖（生殖），物質代謝，自己組織，成長，動的平衡などが挙げられているが，各々の項目は非生物でも持っている（あるいは人

```
┌─────────────────────────────┐
│ 生物  ┌動物─┬─脊椎動物─┐    │
│       │     │   ...     │    │
│       │     │  昆虫     │    │
│       │     │   ...     │    │
│       └─────┴───────────┘    │
│       ┌─菌類─┐                │
│       └──────┘                │
│       ┌─植物─┐                │
│       └──────┘                │
│       ┌原生生物┐              │
│       └────────┘              │
│       ┌原核生物┐              │
│       └────────┘              │
└─────────────────────────────┘
```

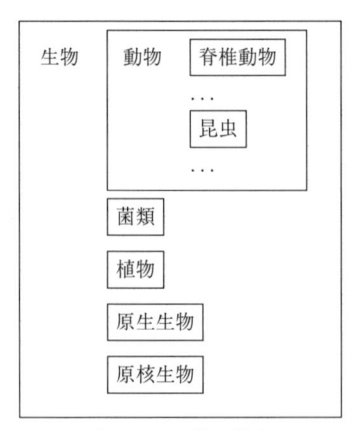

図 **3.1** 生物の集合

工的に造り出せる) ものである．その意味で定義とは言えない．定義とは言えないが，生物が持つ"自己増殖"という性質は生物の下位階層である脊椎動物も持っている．一方，上位階層の生物は下位階層の脊椎動物の"脊椎を持つ"という性質は必ずしも持っていない．

階層の上位の要素の持つ性質は下位の要素も継承する．このため階層構造の下に行くと，共通の属性はどんどん増大する．逆に，階層構造の上に行くと，共通の属性はどんどん減少する．一方，階層を登ると共通属性の減少と反比例的にその階層に含まれる個体の数は増大する．"動物"集合の要素の数は"脊椎動物"や"昆虫"などのすべての部分集合の要素の和になっている．つまり，概念の階層構造においては下の概念に対応する集合は上の概念に対応する集合の部分集合になっている．たとえば

$$\text{脊椎動物の集合} \subset \text{動物の集合}$$

である．

階層の途中に出てくる各々のものを**クラス** (class) と呼ぶ．そしてそのクラスには個体 (instance) が属することになるが，これは要素が集合に属しているのと同じ関係である．下位クラスに属する個体は上位クラスにも属する．集合と要素の関係には以下の推移律が成立する：

$$x \in S_a \land S_a \subseteq S_b \to x \in S_b$$

同様の推移律が階層でも成立する．個体aがクラスCに属するという関係を

$$C(a)$$

階層の上下関係を

$$C_{sub} \sqsubseteq C_{super}$$

と書くことにすれば

$$C_a(x) \wedge (C_a \sqsubseteq C_b) \to C_b(x)$$

となる．生物分類のような階層構造は概念上の構造である．クラス（たとえば馬）に属する個体（特定の馬）は存在するが，クラスに相当する実体（"馬"）が存在するわけではない．特定の馬はサラブレッド，馬，脊椎動物，生物などのクラスに属する．つまり，

$$(C_{sub} \sqsubseteq C_{super}) \equiv \forall x\, C_{sub}(x) \to C_{super}(x)$$

という同値関係が成立する．

一方，集合を内包的に記述（3.2節参照）した場合，内包の条件を緩くする程集合の要素は増加する．内包の条件は論理式の集合と考えることも可能である．条件となる式自体の包含関係を考えると

$$脊椎動物の条件 \supset 動物の条件$$

となり，包含関係が逆転する．先に述べたように，論理的には個体に関して

$$\forall x\, 脊椎動物(x) \to 動物(x)$$

という関係が成立するのであるが，条件の包含関係の方を重視して $\to$ の代わりに $\supset$ を使って

$$\forall x\, 脊椎動物(x) \supset 動物(x)$$

と書く流儀もある（まぎらわしいので本書では使っていない）．

いずれにしても，条件による内包の関係と，要素による外延の関係は逆転するので，今どちらを使っているのかには常に注意を払う必要がある．例として生物というクラスが自己再生産という性質を持っているということを

$$生物 \models 自己再生産$$

と書くことにする．生物のサブクラスである脊椎動物や軟体動物もみな自己再生産という性質を持つ．この場合は

$$C_1 \models \alpha \wedge C_1 \sqsupset C_2 \rightarrow C_2 \models \alpha$$

のように（個体とクラスの関係とは）推移律が逆転するのである．

　実際のプログラムで知識を表現したり，推論したりする場合には内包的な記述も外延的な記述も使わないことが多い．計算やメモリ効率が悪いからである．必要最小限の性質だけ記述しておき，上記のような推移律を用いて推論するのが普通である．たとえば下位クラスは上位クラスの属性を持つことは保障されているから，最も上のクラスについてのみ属性を記述しておけばそれより下のクラスに関しては自動的に推論できる．このように記述場所を限定するのはメモリ効率[1]の他に，データベース更新の場合にも少ない場所の変更ですむ利点がある．

　フレーム[19][2]に始まる多くの知識表現システムではこのような属性継承を基本機能として組み込んでいるものが多い．また，C++などの**オブジェクト指向**(object-oriented)言語でもクラスによるプログラムの継承を売りとしている．

　先に，クラスの持つ属性は，必ずしもその定義ではないと述べた．つまり，生物の特徴としては，自己増殖（生殖），物質代謝，自己組織，成長，動的平衡などが挙げられているが，これで生物を以下のように定義することはできない：

生物 $\equiv \{x|$ 自己増殖$(x) \wedge$ 物質代謝$(x) \wedge$ 自己組織$(x) \wedge$ 成長$(x) \wedge$ 動的平衡$(x)\}$

しかしながら生物はこういう性質を持っていることは事実だから，

生物 $\subseteq \{x|$ 自己増殖$(x) \wedge$ 物質代謝$(x) \wedge$ 自己組織$(x) \wedge$ 成長$(x) \wedge$ 動的平衡$(x)\}$

は成立する．

---

[1] 最近の計算機はメモリやディスクも格段に大きくなってきたから昔のようにあまりスペースを気にせず，速度のためにもメモリ上に展開してしまう方が有利な場合も多い．しかし，大きな問題では組合せ爆発のようなことが起こるので注意が必要である．単一の階層構造では問題にならない場合でも，複数の階層が存在すると知識量が爆発することがある．

[2] ミンスキー(Marvin Minsky)の提唱した知識表現の枠組．フレーム問題とは全く異なるので混同しないよう．

あるいは論理式で

$$\forall x \, 生物(x) \to 自己増殖(x) \land 物質代謝(x) \land 自己組織(x) \land 成長(x) \land 動的平衡(x)$$

と書いても同じである．一般に

$$P \to Q$$

が成立するとき P を Q の **十分条件** (sufficient condition)，Q を P の **必要条件** (necessary condition) という[3]．必要かつ十分条件のことを定義といい，

$$P \equiv Q$$

と表す[4]．

数学の世界と違って現実世界では"例外のない規則はない"[5]と言われる程，様々な例外があって定式化を困難にしている．

生物の世界を例にとっても，以下のような例外が存在している：

- ペンギンは飛ばない．
- カモノハシは卵を産む哺乳類である．

したがって，そのような知識を表すために必要条件でも十分条件でもないようなものが必要とされる．いわゆる"典型"で，人間はこれを用いて推論することが多いと言われている．

- 典型的な鳥は飛ぶ．
- 典型的な哺乳類は卵を産まない．

"典型的"というのは論理的にどのように表現するのだろうか？ 一つの方法は typical という述語を導入し，以下のように書くことである．

$$\forall x \, \text{bird}(x) \land \text{typical}(x) \to \text{fly}(x)$$

---

[3] 対偶をとって

$$\neg Q \to \neg P$$

（Q でなければ P でない）とした方が，必要条件の気分は出るかもしれない．
[4] すべての性質が全く等しい二つの概念は同じものか，あるいは違うものでありうるか？すべての性質が全く等しい二つの物体だけからなる宇宙には物体が二つ存在するのか，それとも一つしか存在しないのか？
[5] この文は偽であることに注意 (5.2節)！

$\forall x$ mammal$(x) \land$ typical$(x) \to \neg$ lay(x, egg)

問題はtypicalかどうかの条件の記述が容易ではないということである．この問題はフレーム問題のところ（4.6節）で再び触れることにする．

なお，このような階層構造と論理を融合した知識表現システムや，論理式の項の間に階層構造（ソート）を導入した**多ソート論理** (many sorted logic) も存在する．

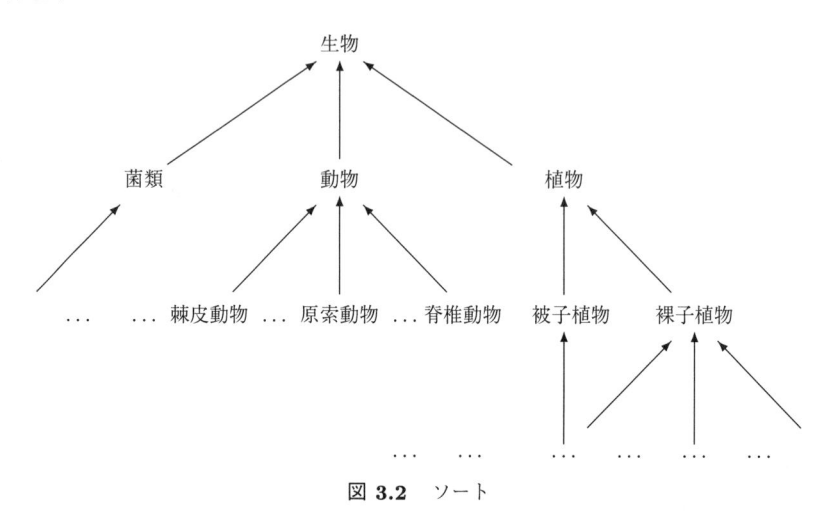

図 3.2 ソート

生物階層をソートで表現すると図3.2のようになる．個々の要素がソートであるが，ソート間には**半順序** (partial order) が存在する．半順序とは推移律[6]を満たし，対称律[7]は満たさない関係である，すべての要素の間に順序関係が定義できると**全順序** (total order) になる．図3.3のように，自然数は大小関係に関して全順序がある．

3.2 集合の内包的定義

集合の定義の仕方には基本的に2種類あった．

1. 外延的定義．集合の要素を書き並べることによって定義する方法．

---

[6] $aRb \land bRc \to aRc$ のとき R は推移律を満たすという．
[7] $aRb \to bRa$ のとき R は対称律を満たすという．ちなみに aRa のとき R は反射律を満たすという．

図 3.3　全順序

2. 内包的定義．集合の要素を直接に並べずに，要素の満たすべき性質を書いておく方法．

曜日の外延的定義は

　　　{月, 火, 水, 木, 金, 土, 日}

となるし，内包的定義は

　　　$\{x \mid 曜日の名前(x)\}$

となる．

内包的定義においては，あるものが集合の要素であるかどうかを機械的に判定するために，要素の持つべき性質を定義する必要がある．そこで普通は論理式が使われる．1.1 節ではその部分を英語で記述していたがここでもう一度見直しておこう．

ø : 空集合　空集合は

　　　$ø \equiv \{x \mid x \neq x\}$

として定義される．自分自身と等しくないものは存在しないから，空集合の要素は存在しない．

∪：和集合

$$\text{for all } x, (x \in (A \cup B)) \text{ iff } (x \in A \text{ or } x \in B)$$

これを論理式で書くと以下のようになる：

$$A \cup B \equiv \{x \mid x \in A \vee x \in B\}$$

∩：積集合

$$\text{for all } x, (x \in (A \cap B)) \text{ iff } (x \in A \text{ and } x \in B)$$

これを論理式で書くと以下のようになる：

$$A \cap B \equiv \{x \mid x \in A \wedge x \in B\}$$

‾：補集合　補集合はある集合に含まれない要素のみを含む集合のことである：

$$\text{for all } x, x \in \overline{A} \text{ iff } x \notin A$$

これを論理式で書くと以下のようになる：

$$\overline{A} \equiv \{x \mid x \notin A\}$$

⊆：部分集合

$$A \subseteq B \text{ iff for all } x, (x \in B \text{ if } x \in A)$$

これを論理式で書くと以下のようになる：

$$A \subseteq B \equiv \forall x (x \in A \rightarrow x \in B)$$

P：巾集合　巾集合は，部分集合から構成される集合だから，論理式による定義は以下のようになる：

$$P(A) \equiv \{x \mid x \subseteq A\}$$

さて，このように論理式が使えると，たとえば次のような集合も定義できる．

$$A = \{x \mid x \notin A\}$$

これは，自分自身の要素でないものだけを要素とする集合である．実はこれがラッセルのパラドックスと呼ばれるもので，素朴な集合論が見直される契機となった．詳しくは5.1節でもう一度検討する．

3.3 写像

論理と集合と写像の間には様々な関係があるが，以下で簡単に紹介しておきたい．

関数 (function) あるいは**写像** (mapping) の定義には**ドメイン** (domain) と呼ばれる，変数に代入しうる値の範囲を表す集合 D と，それを写像した先の値の範囲を表す集合 C が使われる．C は**値域** (range; codomain) と呼ばれる．関数を f とすると，これは

$$f : D \to C$$

のように書かれる．2引数関数の場合には

$$f : D_1 \times D_2 \to C$$

のようになる．

命題とは真か偽の決まる文のことであった．この命題の真偽を決めるのが解釈である．解釈とは命題とモデルから真偽を決めることであるから，

$$I : P \times M \to T$$

と書くことができる．ここで P は命題の集合，M はモデルの集合，T は真偽値の集合{真，偽}である．

また，一般に関数を集合で表す（定義する）ことができる．

$$Sf = \{\langle x, y \rangle \mid y = f(x), x \in \mathrm{domain}(f)\}$$

たとえば，整数の次の値をとる，successor関数は以下のように定義できる：

$$\{\langle 1, 2 \rangle, \langle 2, 3 \rangle, \ldots \langle n, n+1 \rangle, \ldots\}$$

二引数関数ならば

$$Sg = \{\langle x, y, z\rangle \mid z = g(x,y), x \in \mathrm{domain}_1(g), y \in \mathrm{domain}_2(g)\}$$

のようにすればよい．たとえば，掛算の九九は以下のような集合で定義できる．

$\{\langle 1, 1, 1\rangle, \langle 1, 2, 2\rangle, \ldots$
$\langle 2, 1, 2\rangle, \langle 2, 2, 4\rangle, \ldots$
$\langle 3, 1, 3\rangle, \langle 3, 2, 6\rangle, \ldots$
$\ldots$
$\langle 9, 1, 9\rangle, \langle 9, 2, 18\rangle, \ldots \langle 9, 9, 81\rangle\}$

　実数上の関数は無限集合になる．このようなものはどうやって並べるのだろう？　集合には要素の順序という概念はないのだが，すぐ後で見るように集合どうしを比較する場合などには要素を一定の順序で並べておくと便利である．

　実数の場合には，もちろん，数の小さい順に並べるという方法をすぐ思いつくがこれはダメである．

0
0.0000...1
0.0000...2
...

のように並ぶはずだが，...の部分には0が無限個（!）並ぶ．これではいつまでたっても0.0000000000001にさえたどりつかない．より小さい0.00000000000009や0.000000000000999999999などがその前にこなければならないから，それはそれで一向に差し支えないという考え方もあるが，一応，有限の桁の数を先に処理したいと思えば次のような並べ方もある．

0
1
2
...
9
0.1

0.2

...

0.9

1.0

...

9.9

0.01

...

9.99

0.001

...

9.999

0.0001

...

つまり，桁数の順にまず並べ，同じ桁数の中では小さい順に並べるという方法である．2次元の表を作って

	→数の小さい順
↓	0,1,2,...9
桁	0.1,0.2,...9.9
数	0.01,0.02,...9.99
	...

と書いた方がわかりやすいかもしれない．この表では横軸方向に有限個数しか並ばないので順に拾って行くことが可能であるが，横軸方向も無限になった場合には図3.4のように斜めに拾えばよい．

この手法は実際にゲーデルの不完全性定理の証明に使われている（5.4章）．また，この要領で何次元にでも拡張できることに注意されたい．

ゲーデルの不完全性定理で使われるもう一つの手法についても説明しておこう．**対角線論法**(diagonal argument)と呼ばれるもので，最初にカントール(Georg Cantor)が自然数とその巾集合とは同じ無限でも濃度が違うことの証明に用いた有名な手法である．この証明は劇的なことで，(後で述べるが)無限にもいろいろな濃さのものが存在し，無限＋1のような概念が定義できる

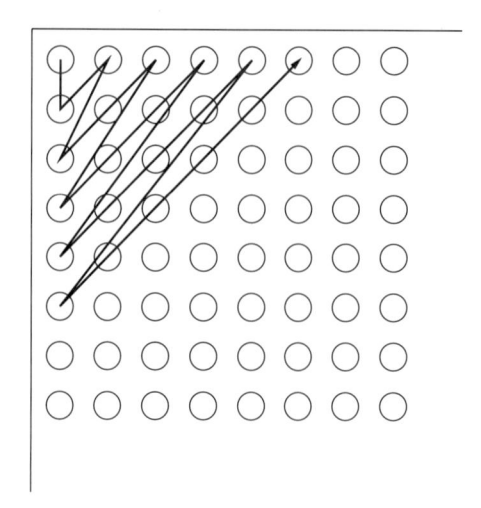

図 **3.4** 多次元の無限列を1列に並べる方法

ことがわかったのである．

証明は背理法で行う．N という自然数全体の集合を考える．

$$N = \{1, 2, 3, \ldots\}$$

もし N とその巾集合 $P(N)$ の間に一対一の対応ができたと仮定しよう．片方は $1,2,3,\ldots$ という並びであるから，一対一の関係があるなら $P(N)$ の要素 N_i を1列に

$$N_1, N_2, N_3, \ldots$$

と並べることができるはずである．しかも，同じ要素は2度現れないので，$i \neq j$ なら $N_i \neq N_j$ である．また，ある要素は必ずどこかに現れているはずである．

今，上記の $N_1, N_2, N_3, \ldots$ がこの条件を満たした列であるとする．そのときに N の部分集合（$P(N)$ の要素）M を以下のように定義する．

1. $1 \notin N_1$ ならば1を M の中に入れる．
   $1 \in N_1$ ならば1を M の中に入れない．

2. $2 \notin N_2$ ならば2をMの中に入れる．
   $2 \in N_2$ ならば2をMの中に入れない．
3. ...
4. $n \notin N_n$ ならばnをMの中に入れる．
   $n \in N_n$ ならばnをMの中に入れない．
5. ...

これをNのすべての要素（つまり，すべての自然数）に対して行う．ちゃんと書くと

$$\forall n \in N((n \notin N_n \to n \in M) \land (n \in N_n \to n \notin M))$$

あるいは

（ア）$\forall n \in N(n \notin N_n \leftrightarrow n \in M)$

となる．

このMはNの部分集合だから，巾集合の定義より$M \in P(N)$．したがって，N_iの列のどこかに出現するはずである．

（イ）$M = N_m$

と仮定しよう．式（ア）にmを代入すると

$$m \notin N_m \leftrightarrow m \in M$$

であるから，mが集合Mの要素であるかどうかはmがN_mの要素でないかどうかによって決まる．ところが式（イ）より，N_mはMのことであるから，mが集合Mの要素であるかどうかはmがN_mの要素でないかどうかによって決まる：

$$m \notin N_m \leftrightarrow m \in M \leftrightarrow m \in N_m$$

これは矛盾である．

この証明は以下のように対角線上の要素を問題にしているので対角線論法と呼ばれる．

	N_1	N_2	N_3	$\cdots$
1	$\boxed{1 \in N_1}$	$1 \in N_2$	$1 \in N_3$	$\cdots$
2	$2 \in N_1$	$\boxed{2 \in N_2}$	$2 \in N_3$	$\cdots$
3	$3 \in N_1$	$3 \in N_2$	$\boxed{3 \in N_3}$	$\cdots$
$\cdots$	$\cdots$	$\cdots$	$\cdots$	

対角線論法のもう一つの応用例を書いておこう．同じく，無限集合の濃度に関するものであるが，自然数と実数の比較である．これも背理法で示す．

自然数と実数との間に一対一の対応ができたとする．そうするとそれは以下のように1列の表に並べることができる．

$$1 \leftrightarrow d_{11} . d_{12}\ d_{13}\ d_{14} \ldots$$
$$2 \leftrightarrow d_{21} . d_{22}\ d_{23}\ d_{24} \ldots$$
$$3 \leftrightarrow d_{31} . d_{32}\ d_{33}\ d_{34} \ldots$$
$$\ldots \leftrightarrow \ldots . \ldots \ \ldots \ \ldots$$

d_{ij} は0から9までの間のどれかの数字である．この表にはすべての実数が1回だけ現れるはずである．ここで新しい数 b を次のように作る：

b の i 桁目の数字は上記の表の d_{ii} とは違う数にする

たとえば d_{11} が3だとしたら，m の1桁目は3以外の数字なら何でもよい（たとえば5）．

$$1 \leftrightarrow \boxed{d_{11}} . d_{12}\ d_{13}\ d_{14} \ldots$$
$$2 \leftrightarrow d_{21} . \boxed{d_{22}}\ d_{23}\ d_{24} \ldots$$
$$3 \leftrightarrow d_{31} . d_{32}\ \boxed{d_{33}}\ d_{34} \ldots$$
$$\ldots \leftrightarrow \ldots . \ldots \ \ldots$$

このようにしてできた数も実数であるから上記の表のどこかに現れるはずである．m 番目に現れたとしよう．しかし，b の m 桁目は表の m 番目の数の m 桁目とは異なっている（そのように作ったのだから）．したがって矛盾する．

この対角線論法については再びゲーデルの不完全性定理のところ（5.4節）でお目にかかることになる．

第4章

発　展

　古典論理は我々が欲している論理の出発点にすぎない．本章では様々な問題意識による論理の拡張や応用について述べる．今後もこのような拡張が続くことが予想される．ひょっとしたら"エージェント論理"のような新手が登場するかもしれない．

4.1　直観論理

　古典論理では排中律 $(p \lor \neg p)$ が成立する．すなわち，ある命題 p は，それが真であるかその否定が真であるかどちらかである．

　これは命題が対象としている集合が有限の場合にはもっともな考え方である．一つずつ調べていけばよい．しかし，無限を扱い始めるとそうもいかない．ある命題が無限集合に対して成り立つかどうかが具体的にわからないのでは，そのどちらかが成り立つはずだと言っても意味がない．**直観論理** (intuitionistic logic) では $p \lor q$ は p か q が証明されたときに初めて真となるので，$p \lor \neg p$ も p であるか $\neg p$ であるかが証明された場合にのみ（つまり我々がどちらであるかを知っている場合にのみ）真になると考える．

　排中律というのは，背理法の基礎になっている．p であることを直接証明できない場合に $\neg p$ を仮定して，そこから矛盾が導ければ p が証明されたとするのである．実際，数学の定理にはこの形でしか証明できないものが多い．しかし，背理法では存在は証明できても具体的な値が計算できないことが多い．

もっと一般的な言い方をすると，pか$\neg p$かのどちらかであることはわかっても，実際にどちらなのかはわからない場合がある．存在証明ではだめで，具体的な値を示せという立場が優勢になりつつある．これは，たとえば，構成的数学という立場にも現れている．

　この構成的立場というのは人工知能研究を含む情報処理一般において非常に重要である．物理学では自然界にある現象を"記述"すればよいのだが，情報は"処理"しなければならない．この意味で，有名なシャノン (Claude E. Shannon) の情報理論は，記述理論である．情報をコード化する際の最小ビット数（情報量）を教えてくれるが，コード化のアルゴリズムは教えてくれない．記述理論が不要だと言っているのではない．それらの記述の上にさらに処理が必要だと言っているのである．シャノンの情報量の理論を使って実際に通信コードを設計し，実装しなければ情報処理は成立しない．実際に動くプログラムを作ってみせなければ人工知能は成立しない．そして，記述される原理は必ずしも構成原理としては使えない．排中律がその良い例である．

　もう少し具体的に見ていこう．直観論理である命題が真であるとは，それを確認（証明）する手法を持っていることである．したがって基本的な論理記号は以下のように解釈される：

1. $\Delta \wedge \Gamma$：Δを証明する方法を持っており，さらにΓを証明する方法を持っている．
2. $\Delta \vee \Gamma$：Δを証明する方法を持っているか，またはΓを証明する方法を持っている．
3. $\forall x P(x)$：すべてのxについて，$P(x)$を証明する方法を持っている．
4. $\Delta \to \Gamma$：Δを証明する方法が与えられたとして（この部分は仮定でよい），それを基にΓを証明する手法を構成できる．
5. $\neg \Delta$：Δを証明する方法が与えられたとしたら矛盾する．つまり，$\Delta \to \bot$（$\bot$は矛盾を表す）である．
6. $\exists x P(x)$：$P(x)$を証明する方法を持っているようなxを具体的に示すことができる．

排中律は$\Delta \vee \neg \Delta$であるから，これは直観主義的にはΔを証明する方法を持っているか，$\neg \Delta$を証明する方法を持っているということだから，常に成立するとは限らない．ちなみに古典論理では$\neg \Delta \vee \Delta$は$\Delta \to \Delta$と同値であった

が，直観論理ではそうならない（$\Delta \to \Delta$は直観論理でも成立する）．一般に$\neg \Delta \lor \Gamma$ならば$\Delta \to \Gamma$は成立するが，その逆は成立しない．なお，直観論理＋排中律＝古典論理が成立する．

4.2 論理型プログラミング

論理式を書いておけば機械が自動的に証明をしてくれるというのがコンピュータが始まったころの研究者の夢であったが，なかなかそう簡単ではないことがわかってきた．無数にある論理式の組合せの中から適切なものを選びだし，それを適切な順序で重ねていくことは，今のところは残念ながら（訓練された）人間にしかできない．

そこで，論理式を基礎にはしているが，実行順序などを人間が指定することにより，プログラミング言語として成立させるという方向性が注目されてきた．そのような言語を総称して**論理型プログラミング** (logic programming) 言語という．ただし，プログラマが完全に実行順序を指定するわけではなく，基本的には論理的な関係だけを書いておけばよいところから**宣言的プログラミング** (declarative programming) とも呼ばれる．これに対し，通常のプログラミング手法は**手続き的プログラミング** (procedural programming) と呼ばれる．

このように，実際に計算してみせるという考え方は直観論理に通ずるものがある．論理型プログラミング言語Prologの理論的基礎は古典論理であるにもかかわらず，できあがったものは直観論理にきわめて近い．たとえば論理プログラミングにおいて$p \lor q$はpを実行し，それに失敗すればqを実行することになる．

論理型という呼び方は**Prolog**から始まったが，概念的に最初の論理型プログラミング言語は**Planner**[13]である．Plannerでは

$$P \leftarrow Q$$

という論理式を，

1. Pを証明／計算／結論したいときにはQを証明／計算／結論すればよい．（**後向き推論** (backward reasoning)）
2. Qが知識に追加されたときにはPを追加する．（**前向き推論** (forward reasoning)）

3. P が知識から削除されたときには Q を削除する（前向き推論の対偶）．

という三通りに読み分け，それぞれに別の記法を用意している．これらを組み合わせることによりプログラマが推論の方向を指定できる．

Prologでは，この最初の使い方（後向き推論）だけを行う．ただし，

$$P \leftarrow Q$$

の P は単一の原子式で，達成（証明）すべきゴール，Q は原子式の並びでそのサブゴールと考えることができる．これを

$P \text{:-} \ Q_1, Q_2, \ldots, Q_n.$

のように書き，P を頭部(head)，Q_n の並びを本体(body)と呼ぶ．

理論的には通常の知識を表現する論理式は，節形式（47ページ）に変換することによってPrologの処理系で処理できる形になると考えることができるが，実際には節形式のプログラムを直接プログラマが書くことになる．節形式：

$$\Delta \to \Gamma$$

において左辺の Δ は原子論理式がandでつながったもので，推論の前提を表し，右辺の Γ は原子論理式がorでつながったもので推論の結論を表す．このうちorのないもの，つまり結論が一意に定まるものを**ホーン節**(Horn clause)あるいはdefinite clauseと呼び，この形のものだけがPrologで使われる．結論がor で複数つながっていたのでは推論の道筋が定まらず，効率の良い機械的計算ができないからである．

ただし，結論が複数のものでも，一つを残し，残りを否定とともに前提側に移し，たとえば

$$x^2 = 1 \to x = 1 \lor x = -1$$

を

$$x^2 = 1 \land \neg(x = 1) \to x = -1$$

と変形することにより，$p \lor q$ と $\neg p$ から q を結論するというように使うことが可能になる．

ただし，このような否定はそのままでは証明できない．論理的には，否定を右辺に置いたまま，普通の導出を行う必要があるが，それでは効率が落ちる．

4.2 論理型プログラミング

そこで**閉世界仮説** (closed world assumption) あるいは**失敗による否定** (negation as failure) と呼ばれる手法を用いる．これは，証明できないものはその否定が成立しているとするものである．閉世界という言い方は，情報の境界条件が変化する世界を開いた世界というのに対し，世界の境界条件についてはすべてのことがわかっており，不確定要素がないという考え方に由来する．したがって，その知識で証明できないものは成立していないことがわかる[1]．

節形式で表現された論理式に対しては融合という証明手段が存在することは先に述べた（47ページ）．Prologでは線形導出の一種である **SNL resolution**(Selective Negative Linear resolution) を用いる．最初に使う節と生成される子孫は原子式の否定のみから構成されているのでこの名がある．これは各節に肯定の原子式が高々1個しか存在しないホーン節に対しては完全な戦略である．ただし，まだ導出の順序を機械的に決めるには不十分である．Prologではプログラマが書いた節の順序に従って導出を行い，どこかで行き詰まったら後戻り（**バックトラック**(backtrack) という）して別の節を試すという戦略をとる．この順序指定は通常は有効に働き，かなり効率の良いプログラムが書ける（と同時に完全性を捨てることにもなる）．たとえばリスト処理に関してはPrologはLispと同等，あるいは場合によってはLisp以上の速度を誇っている．以下のappendはそのようなプログラムの例である[2]：

```
append([],X,X).
append([A|X],Y,[A|Z]):-append(X,Y,Z).
```

appendは二つのリストを連結するものである．たとえば

```
append([a,b,c],[d,e,f],[a,b,c,d,e,f]).
```

などが成立する．

節の順序の指定はPrologの成功の鍵であったが，同時に論理型プログラミング言語としてみた場合には弱点でもある．これは順序の指定が，場合によっ

---

[1] 常識推論（4.7節）でも，同様に証明できないものは成立していないと考える．しかしながら，その哲学的背景は上記とは若干異なっている．常識には完全性はないので，とりあえずわからないことは無視して進もうと考える．さらに知識が追加された場合には結論を覆して考え直すこともある．それに対し，閉世界仮説では結論が変化することは考えていない．

[2] このappendはLispでは新しいセルを動的に作るのに対し，Prologではスタック上にデータを格納するのでPrologの方が実行が速い．なお，本書ではPrologに深入りする余裕はないので，詳しくはPrologの参考書を見て頂きたい．appendなどのリスト処理はどの本でも解説されているはずである．

てはプログラムが停止しない原因となることもあるからである（完全性がない）．そのような無限の袋小路に入り込むことを避ける手段としては探索の並列化がある．そのような動機で誕生したのが**並列論理型言語** (concurrent logic programming languages) である．

多くの選択枝を同時に実行する並列探索のメリットとして，解があれば必ずそれに到達して止まることが保証される．つまり手続きが完全になる．しかし，ナイーブな並列化は効率の大幅な低下を招き，事実上実行不可能となるほどである．そこで並列論理型言語ではユニフィケーションの方向に制約を設けることが多い．

最初の並列論理型言語 Concurrent Prolog では変数に読み出し専用の指示を行い，その値が定まるまでは様々な可能性を探索しないという手法をとっている．代入が起こるような単一化はその時点で実行が中断され，他の部分の並列実行により値が定まればその先が継続される．

日本の第五世代コンピュータプロジェクトで開発された **GHC**(Guarded Horn Clauses)[28] ではこの区別をより系統的に行うようになった．GHC の節は

$$P \text{:-} G_1, G_2, \ldots, G_n | B_1, B_2, \ldots, B_n.$$

のように書かれ，":-" と "|" の間をガード (guard)，"|" の右を本体と呼ぶ．頭部およびガードでは変数への値のチェック（読み出し）のみが許され，代入は起こらない．Concurrent Prolog 同様，代入が起こるような単一化はその時点で実行が中断される．GHC は並列計算の美しい実現となっているが，論理型言語の宣言的な側面は失っており，完全な手続き型言語になっていると筆者は思う．

これ以外にも状況理論に基づく論理型言語としての **Prosit**[5] や，有機的プログラミング言語として Prolog の拡張版である **Gaea**[34] など，様々な言語が設計されている．

また，最近では論理型言語をベースに**帰納学習** (inductive learning) を行う，**帰納プログラミング** (inductive programming) の研究も盛んである．

4.3 多値論理

通常の論理では，ある論理式は真あるいは偽のどちらかである．これを**二値論理**(two-valued logic)という．これに対し，真偽値として不明（つまり，真か偽かがわからない）を加えたものが**三値論理**(three-valued logic)である[3]．さらに多くの値を持つ論理も考えることができ，これら（三値以上）をまとめて**多値論理**(many-valued logic)と呼ぶ．**ファジィ論理**(fuzzy logic)は真偽を0から1の実数値をとるファジィメンバーシップ関数で置き換えた，連続値をとる多値論理である．

値として半順序関係（順序が定義されているが，順序関係にないペアも存在する）だけが定義されたものも考えられる．ブール(Boole)により論理計算の場として導入されたブール代数はこれである．一番上に真（TrueあるいはTopの意味で⊤と書かれる），一番下に偽（⊤の逆で⊥）がくる**束**(lattice)構造となる．たとえば図4.1は命題pとqだけから構成される構造である．このようなブール値をとる述語論理を基本としたBoolean Prologも実装されたことがある．

4.4 様相論理

命題に様々な様相記号を加えた論理を**様相論理**(modal logic)という．よく用いられる様相には以下のようなものがある：

- 必然性：(命題が) 必ず真である．
- 可能性：(命題が) 真であることがある．
- 知識：(命題を) 知っている．
- 信念：(命題を) 信じている．

初期の様相論理では必然性や可能性が中心に研究されていた．真であることが可能な命題と，真であることが不可能な命題を区別する．さらに，可能な命題は必然的に真であるもの[4]と，偶然真であるものとに分かれる．

そのような必然性，可能性を扱う最も弱い様相論理として体系Tが知られている．Tの公理は以下のとおりである：

---

[3] わからないことを積極的に値にとる三値論理と，二値論理において，真も偽も証明できない状態（詳しくは131ページ，図5.2あたり）とは異なるので注意が必要である．
[4] この区別は一応論理的恒真性とは別であることに注意されたい．

第4章 発展

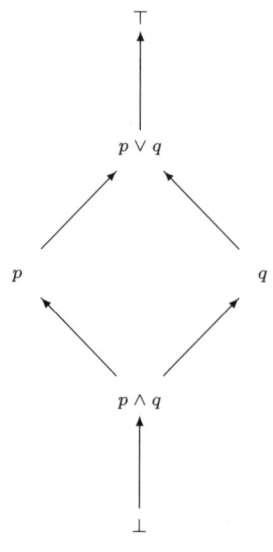

$$\begin{array}{c} \top \\ \uparrow \\ p \vee q \\ \nearrow \quad \nwarrow \\ p \qquad q \\ \nwarrow \quad \nearrow \\ p \wedge q \\ \uparrow \\ \bot \end{array}$$

図 4.1　ブール代数

- (T1) $(p \vee p) \to p$
- (T2) $q \to (p \vee q)$
- (T3) $(p \vee q) \to (q \vee p)$
- (T4) $(q \to r) \to ((p \vee q) \to (p \vee r))$
- (T5) $\Box p \to p$（必然性の公理）
- (T6) $\Box(p \to q) \to (\Box p \to \Box q)$

なお，可能性の方は必然性から以下のように定義される：

$$\Diamond p \equiv \neg \Box \neg p$$

また，推論規則としては以下のものがある：

$$\frac{p \quad p \to q}{q}$$

$$\frac{p}{\Box p}$$

様相論理の解釈は通常可能世界意味論というものによって与えられる．つまり，可能な世界の集合W，世界の間の見え方の関係R，各世界における論理

式の真偽Vの三組である．必然や偶然という概念は世界の間の見え方によって決まる．すなわち，ある世界W1から見える（W1を含む）すべての世界においてpが成立しているならW1ではpが必然であるとし，W1で$\Box p$が成立する．また，W1から見えるどこかの世界でpが成立していればそれが可能であるとしてW1で$\Diamond p$が成立する．

この世界の見え方に何の制約もないのが体系Tであり，推移律（W1からW2が見え，W2からW3が見えれば，W1からW3が見える）を満たすものが体系S4，推移律と対称律（W1からW2が見えれば，W2からW1が見える）を満たすものが体系S5である．以下で述べるエージェントの信念に関する様相論理ではS4に準じることが多い．Tでは弱過ぎるし，S5では全体が，互いに見える同値類になってしまい，あまり面白くない．

最近注目をあびているエージェント[5]の理論で重要なのは知識や信念である．一例を挙げる．Kを"知っている"(know)，Bを"信じている"(believe)を表す様相記号とすると，KとB両者の違いは以下の公理が成立するか否かにあるというようなことが記述できることになる．

$\quad\mathrm{K}p \to p$

これは，ある命題pを知っているということは，pが成立するということを含意するという意味である．つまり，知っている内容は常に真であるという要請である．偽の命題を知っているとはいわず，この場合には"信じている"という表現をとる（信じているものが真でも構わない）．

　　"私は地球が丸いと知っている．"
　　"彼女は地球が丸いと信じている．"
　　"彼は地球が平面であると信じている．"

上記は全部構わないが，

　　(*) "彼は地球が平面であると知っている．"

とは言えない[6]．

---

[5] ここでいうエージェントとは，人間でもソフトウェアでも，あるいはロボットでもよいが，自分の信念や目的を持って自律的に行動する主体のことである．
[6] 先頭につけた(*)の印は，言語学の慣習に従ったもので，間違った例を示す．

信念 (belief) と知識 (knowledge) の理論の古典とも言えるヒンティッカ (Hintikka) の仕事 [14] を簡単に紹介しておく．上記のように知識とは真である信念のことである．これは以下のように定式化できる．ただし Kxp はエージェント x が論理式 p が真であることを知っている，Bxp は x が p が真であることを信じている，に各々対応する様相論理式である．

知識：

(K1)　真実だけを知っている．
$$Kxp \to p$$
(K2)　規則とその前提を知っていれば，結論も知っている．
$$Kx(p \to q) \to (Kxp \to Kxq)$$
(K3)　p を知っていることを知っている．
$$Kxp \to Kx(Kxp)$$
(R1)　推論が成立する．
$$\frac{p \quad p \to q}{q}$$
(R2)　真実はすべて知っている．
$$\frac{p}{Kxp}$$

信念：

(B2)　規則とその前提を信じていれば，結論も信じている．
$$Bx(p \to q) \to (Bxp \to Bxq)$$
(B3)　p を信じていることを信じている．
$$Bxp \to Bx(Bxp)$$

先に述べたように，信念に関しては K1（知っていることはすべて正しい）や R2（正しいことはすべて知っている）に相当する公理はない．

さて，これらの定義は我々の直観に合っているだろうか？　たとえば K2 によれば，自分の知識から論理的に帰結できることはすべて知っていることになるが，我々の経験ではそうでない場合も多い．幾何の公理を知っていても，幾何の定理を全部知っているとは限らない．この問題は**論理的全能** (logical omnipotent) の問題と呼ばれており，全能でない人間に近づけるため，現在様々な方法でこの公理を弱めることが検討されている．しかし，全くなくすのも具合が悪い．簡単なことなら推論できる．つまり，何が簡単な推論かの

定式化が困難であるとも言えよう．

また R2 も，真であることはすべて知っているという要請で，明らかに強すぎる．こちらは**論理的全知**(logical omniscence) の問題と呼ばれている．しかしながら，真である命題を一切知らないというのも具合が悪く，良い解決がない．そもそも，論理的定式化では"程々に"という概念がないので困る．一部でも可能としたければ全部が可能になってしまうし，逆の場合は全部が不可能になってしまう．

このような**信念** (belief) の他に**欲求** (desire)，**意図** (intention) という考え方に基づくエージェントの **BDI アーキテクチャ**(BDI-architecture) も研究されており，**マルチエージェント** (multiagent) 研究の重要な一部である．

ある時点におけるエージェントのプランを考えると，

1. エージェントがありうると考える世界 (W_B).
2. エージェントが欲求する世界 (W_D).
3. エージェントが意図する世界 (W_I).

があるが，これらの間には

$$W_B \supseteq W_D \supseteq W_I$$

の関係がある．特に，欲求したことが達成不可能だとは信じていない：

$$\forall s\ D(s) \to \neg B(\neg s)$$

あるいは，それと等価な，可能でないこと信じたことは欲求しない：

$$\forall s\ B(\neg s) \to \neg D(s)$$

という関係が成り立つ．

このような考え方がなぜ重要なのだろうか？ 理由は二つある：

1. 何を目標にしているかということと，何を具体的に行うかということは異なる場合がある．たとえば，お腹が空いて食事をする場合を考えてみよう．空腹を満たすためには何らかの食物を摂る必要がある．水でも空腹は一瞬満たせるかもしれないが，長期的解決にはならない．そのような要請を考えた上で，お好み焼きを食べることに決めたとしよ

う．これがゴールになる．そのために様々なプランを立てる必要がある．たとえばお好み焼き屋に行くのか，それとも材料を買ってきて自宅で作るのか．このような過程で，何らかの困難が発見されるかもしれない．また，大雨でお好み焼き屋にも行けないし，スーパーに買い出しにも行けないとしよう．どうするか？ゴールは達成できない．

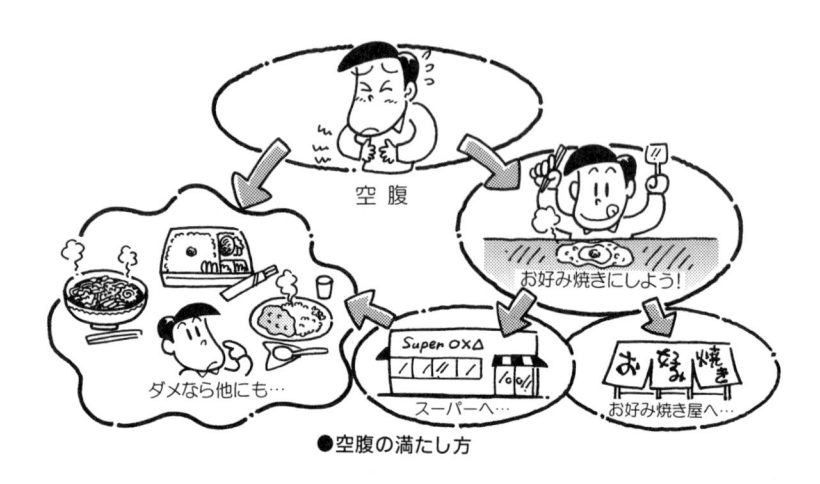

●空腹の満たし方

このような場合に，なぜそのゴールを採用したかの意図（この場合は空腹を満たすこと）を認識していれば，別のゴール（たとえば冷蔵庫の中にある食糧を食べる）を生成することが可能である．しかし意図を知らなければそこで止まってしまう．

これはフレーム問題（4.6節）とも関係する．どのような範囲を考慮すればよいのかは，実は意図とも関係しているのである．

2. チームで行動する場合には集団の意図を知る必要がある．個々に割り当てられたゴールが達成できなくなった場合，それで終りでは困る．チームの他の仲間にしかるべき連絡をとる必要がある（たとえ，それによって全員が意図を変更する必要があるにしても）．

早くも古典として引用されるコーエン (Cohen) とレベック (Levesque) の論文 [7] に従ってこれらの間の関係を説明する．信念に関する公理は前出のヒンティッカのものと基本的に同じだが，無矛盾性の要請など

(B4) p を信じていなければ，信じていないということを信じている．
$\neg Bxp \to Bx\neg Bxp$

(B5) p を信じていれば，その否定は信じない．
$Bxp \to \neg Bx\neg p$

が追加される．

目標 Gxp は

(G1) （無矛盾性）p とその否定を両方目標にはしない．
$Gxp \to \neg Gx(\neg p)$

(G2) p を目標にすれば，その論理的帰結も目標にしている．
$Gxp \land Gx(p \to q) \to Gxq$

(G3) 真実は目標にしている．
$$\frac{p}{Gxp}\ [7]$$

等の性質を持つ．この他にも目標と信念の間の関係などが分析されているが，目標がいかにして生成されるかは記述されていない．さらに，目標がころころ変わるようでは困るので，持続的目標という概念が定義されている．これは（正確な定義は示さないが）達成されるまでは消えないゴールのことであり，$PGxp$ と表記する．

エージェント x が行為 a をしようとする意図 Ixa は，x が a が起こったと信じるまで消えないゴールのことであると定義される．

$$Ixa \equiv PGx[DONEx(Bx(HAPPENS\ a))?;a]$$

ここで (HAPPENS a) というのは a という行為が次に起こるという命題，p? は p という命題の真偽を確認する行為，$a_1;a_2$ は a_1 の後で a_2 を行うという合成行為，(DONE x a) は x が a という行為をたった今完了したという命題である．つまり，行為 a を意図するというのは "a という行為が起こることを信じた上で（つまり自覚のもとに）a を行う" ことを完了させようとする目標を，a が達成されるまで持ち続けることであると定義されている．(他にも達成が不可

---

[7] 恒真命題は一応ゴールになるが，このような些細な（すでに達成されている）ゴールはプランには入れる必要がない．

能になった場合も，意図が消える（たとえば龍を見たいという意図は，龍が空想上の動物だと知った時点で消える）などの精緻化が必要であるが，いたずらにややこしくなるのでここでは考えない.)

単一エージェントにおいては信念と知識を区別する必要はない（BDIアーキテクチャにおいては信念(B)のみが用いられ，知識(K)は出てこない）．区別の必要がないというより，自分の信念と知識を区別する手段がない．しかし，複数エージェント間では知識と個々のエージェントの信念（信念は間違っているかもしれない）とは分けて扱う必要がある．自分が今話している相手は"地球は動かない"と信じているが，それは間違った知識である，というようなことを考える必要がある．さらに，相互信念[1, 20]や共通知識の扱いが問題となってくる．エージェントa, b間の相互信念とは

$$B a p \leftrightarrow B b p$$

のように互いが相手と同じ信念を持ち，しかもそのことを認識しているという関係で，書き下すと以下のように無限列になる．

Bap
Bbp
$BaBbp$
$BbBap$
$BaBbBap$
$BbBaBbp$
$BaBbBaBbp$
...

相互知識はBをKに変えればよいが，こちらは通常の一方向通信の繰り返しでは達成不可能なことが証明されている[11].

例によく使われるのは**一斉攻撃問題**(coordinated attack problem)と呼ばれるものである．曹操軍を攻撃するのに孔明は関羽と張飛に暗闇に乗じて挟み打ちをすることを命じた．しかし，この作戦はタイミングが重要で，関羽と張飛のどちらか一方が先に単独攻撃をしてしまうと返り打ちに合って負けてしまう．両者が通信を行ってタイミングを計る必要があるが，のろしを上げたのでは敵に見破られてしまう．そこで，孔明は関羽と張飛に伝書バトを

持たせた．関羽は張飛に対して伝書バトで攻撃時刻を送った．しかし，もし伝書バトが敵にみつかって撃ち落とされていれば，張飛は攻撃に出てこない．したがって，関羽は張飛からの確認の伝書バトを待つ必要がある．

一方，張飛の方では関羽からの伝書バトが無事到着したので確認の伝書バトを放った．しかし，もし伝書バトが敵にみつかって撃ち落とされていれば，関羽は攻撃に出てこない．したがって，張飛は関羽からの確認の伝書バトを待つ必要がある．

一方，関羽の方では張飛からの確認伝書バトが無事到着したので確認の確認の伝書バトを放った．しかし，もし伝書バトが敵にみつかって撃ち落とされていれば，張飛は攻撃に出てこない．したがって，関羽は張飛からの確認の伝書バトを待つ必要がある …

このようにして，両者はいつまでも攻撃時刻が共通知識にならないのであった．

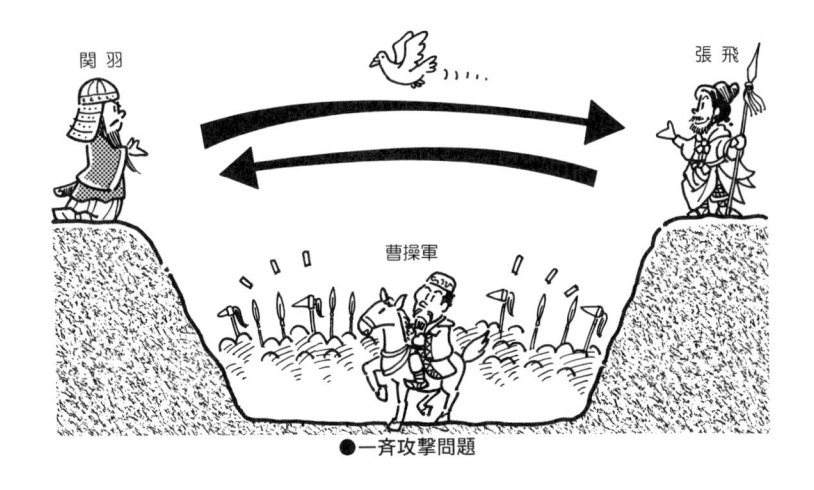

●一斉攻撃問題

4.5　一般限量子

自然言語（英語や日本語）の意味表現として論理式を使う場合に，以下のような表現は悩ましいものである．

1. ねずみがたくさん出てきた．

2. この家には大きなねずみが一匹だけいる．
3. ほとんどの白鳥は色が白い．
4. 昨夜はビールをたくさん飲んだ．

"すべての"(all)や"存在する"(exists)は比較的簡単に限量子として定義することができた．しかし，"たくさん"(many)，"ひとつだけ"(only one)，"ほとんどの"(most)などの限量子の定義はそれほど簡単ではない．

これらは**一般限量子**(generalized quantifier)と呼ばれ，研究されている．例として

　　　　ほとんどの白鳥は色が白い．

を考えてみよう．"すべての"を$\forall$と書いたのに習って，"ほとんど"をWと書くことにしよう（mostのMを逆さにしたつもり）．そうすると$\forall$との対比では

　　　　(*) Wx swan(x)→white(x)

のように書きたくなる[8]．しかし，これは間違いである．なぜならxという変数の値域(domain)は全世界だから，白鳥1，白鳥2の他に犬1や人間1など，その論理体系で対象としているすべての個体を含む．そのような全体の"ほとんど"に対してswan(x)→white(x)が成立するわけではない．表したいのはswanのほとんどに対してwhiteが成立するということであるから，

　　　　Wx ∈swan, white(x)

あるいは

　　　　((Wswan) x)white(x)

のような記法が必要となる．

さらにWに関する公理を書かねばならないのだが，これは大変難しいのでここでは省略する．

代わりに比較的簡単なonlyの公理を示すにとどめる．ある論理式を満たす対象が一つしか存在しないことは，$\exists$の代わりに$\exists!$という限量子を使って表

---

[8] 先頭につけた(*)の印は，言語学の慣習に従ったもので，間違った例を示す．

す. ∃!は，たとえば以下のように定義できる．

$$\forall p(\exists ! p(x) \equiv \forall x, y\ p(x) \land p(y) \to x = y)$$

すなわち，pを満たす二つ以上の対象は存在しないということを，pを満たす対象はすべて同じものであるという言い換えで定義している．

4.6 状況計算とフレーム問題

　古典論理は真理についての体系である．真理というのは時間とともにうつろわず，永遠に不変のものである．しかしながら，我々が日常必要としている情報は常に変化するものであることが多い．ある日あるURL[9]でアクセスできたページは，次の日には別の場所に移っていたりする．中身も当然変化する．過去には真実だったかもしれないが，最早成り立たないものも多い．"駅前の中華料理屋は良い"という情報は日に日に真実性が薄れて行くかもしれない．また，変化する情報を組み合わせることによって新しい事実がわかったりもする．自然科学の法則さえ発見によって変化する．

　古典論理は静的な完全情報を前提とした枠組であり，我々人間が日常生活している場面で扱うのには必ずしも適切でない．そこで動的な情報の流れを定式化するために新しい枠組が必要とされる．一般的には時制を扱う**時制論理** (temporal logic) としていまだに研究途上にあるが，ここでは人工知能の分野で現れた"フレーム問題"を発見するきっかけとなった状況計算をとりあげる．

4.6.1 状況計算

　マッカーシー (John McCarthy) は変化する世界においてプランニングなどを行うための仕組みとして**状況計算** (situation calculus) という枠組を作った[18]．最初のころは古典論理の枠組をそのまま使い，以下のように，述語に状況を示す引数を一つ追加することによって変化を表現していた．

　たとえば積木[10] AがBの上にあるという状態をon(A, B)で示してしまうと，これでは積木Aは永遠に積木Bの上から動けない．状況を明示して

---

　[9]Universal Resource Locator．インターネットで使われている統一アドレス．
　[10]状況計算が作られた当時の人工知能の研究の中心例題は積木の世界であった．積木を最短手順で積み変えるプランを生成する問題は，思ったより困難である．しかしそれでも当時の計算機が扱える程度に単純でもあった．積木を扱うロボットハンドに英語で指示を与える研究なども脚光を浴びた．今では考えられないほどの単純な世界である．

on(A,B,S_0).

on(A,C,RESULT(move(A,B,C),S_0))

のように示すことによって状況の変化を扱えるようにしたのがみそである．3次元空間は時間とともに変化するが，時間軸を含めた4次元時空は静的に記述できるという発想である．ここで，S_0 は特定の状況に付けた名前，RESULT(a,s)は状態 s で，行為 a を行った結果の状態を表す関数である．このように表すことによって行為と状態の関係が記述できる．

●積木の移動

たとえば積木 x を z の上から y の上に移動すると on(x,z) が消滅し，on(x,y) が新たに成立するという規則は以下のように書ける：

$$\forall x,y,z,s\ \text{on}(x,z,s) \rightarrow \text{on}(x,y,\text{RESULT}(\text{move}(x,z,y),s))$$

しかし，この手法では，状況が変化したときにどの状態が保存され，どの状態が変化するかを明示しなければならないということが起きる．たとえば積木 A の色が赤色だったとする．これも状況を明示して

red(A,S_0)

のように表現する必要がある．そうすればpaintという行為を行うと色が変わることは

$$\mathrm{green}(A,\mathrm{RESULT}(\mathrm{paint}(A,\mathrm{green}),S_0))$$

のように表せる．

さて，ここで問題が発生する．

$$\mathrm{red}(A,S_0)$$

のときに

$$\mathrm{red}(A,\mathrm{RESULT}(\mathrm{move}(A,B,C),S_0))$$

であろうか？ それとも

$$\mathrm{green}(A,\mathrm{RESULT}(\mathrm{move}(A,B,C),S_0))$$

であろうか？ 我々の常識は積木を移動しても色が変化しないと告げている．しかし，これを規則化しない限り推論はできない．

一般にn種類の状態とm種類の行為がある場合に$n \times m$個の規則を書かなければならない．しかも動作を一つ行うたびにn種類の状態変化について推論しなければならない．これが**フレーム問題**(frame problem)である．nやmが大きくなると記述や推論の量が爆発する．しかも大部分の推論は

$$\forall x,y,z,s\ \mathrm{green}(x,s) \to \mathrm{green}(x,\mathrm{RESULT}(\mathrm{move}(x,y,z),s))$$

のような**変化しないこと**に関する規則であり，無駄に思える．

後で述べるように，フレーム問題はその後拡大解釈されて行くのであるが，上記のように，変化するものと変化しないもの（こちらを枠あるいはフレームと呼ぶ）の記述量と推論量が膨大になるというのが狭義フレーム問題である．

これを解決するために様々な提案がなされてきたが，"変化しないことを基本とする"という方式が中心である．これは**STRIPS**と呼ばれる推論システムが最初に採用した[9]．STRIPSは行為による変化だけを記述すれば，残りの部分が変化しないことはシステムが保証するような枠組を提案した．積木を動かすことにより位置が変化することは規則として記述する．しかし，移動によっても色が変わらないということは書く必要がない．変化するという

規則がなければシステムは変化しないものとして推論を行う．

しかし，行為による変化というのは状況依存であり，行為だけの性質としては記述できないことがわかった．たとえば move(B,L_1,L_2)（B という物体を L_1 から L_2 に移動する）という行為によって B の位置が変化するのはよいが，A が B の上に乗っていた場合に A の位置も変化する（あるいはしない）ということは move という行為の性質として，状況抜きには記述しきれない．あるいは，積木を移動している途中にたまたま緑のペンキが霧状に吹き出していたら色が変わってしまう．一般的に，ある行為がどういう結果を引き起こすのかはその行為の行われた状況全体に依存する可能性がある．個々の動作と状態の関係として条件を書き出すことは不可能である．

これを避けるために**フレーム公理**(frame axiom)（変化が明示されないものは元の状態に留まる）を陽に記述し，それを推論に用いることが考案された．こうしておけば様々な条件の組合せも論理式として記述が可能になる．これには 2 階の述語（命題を引数にとる述語）True を導入する必要がある．True(f,s) は状態 s で f という命題が真という述語である．また，行為 a が状態 s では命題 f を変化させるという 2 階の述語を，ends(a,f,s) と書くことにすると，フレーム公理は

$$\forall f,s,a \ \text{True}(f,\text{RESULT}(a,s)) \leftarrow \text{True}(f,s) \wedge \neg \ \mathsf{M} \ \text{ends}(a,f,s)$$

と表せる．ここで M は無矛盾性を表す様相記号で，Δ をそのときにわかっている知識（論理式）の集合とすると

$$(\Delta \vdash \mathsf{M} \ p) \equiv (\Delta \not\vdash \neg p)$$

として定義[11]される．つまり，行為 a が状況 s で f という状態を消滅させる ends(a,f,s) ということがわかっていない（あるいは推論できない）限りそうならない（f であり続ける）と推論するための公理である．

これにより任意の状況 s と行為 a の関係が記述できるので柔軟性が大幅にアップする．様々な状況に応じてその無矛盾性が計算されるので上に乗ったま

---

[11]ここで，
$$\Delta \vdash \Gamma$$
は Δ から Γ が証明できること，
$$\Delta \not\vdash \Gamma$$
は Δ から Γ が証明できないこと，を表す記号として使っている．

まの移動やペンキの噴出も，その情報があれば対処できる．しかし，フレーム公理をこのままの形で用いると2階の推論システムが必要となり，大変効率が悪くなってしまう．そこで，閉世界仮説（明示されていない命題は偽であると仮定する）などを用いて1階論理式にコンパイルしてしまう手法（**サーカムスクリプション**(circumscription)と呼ぶ）が採られている．

フレーム問題はこれで一件落着かに見えたのだが，これだけでは常に正しい[12]推論ができるとは限らないことが判明した．これを指摘したのが**エール射撃問題**(Yale shooting problem)[13]である．

4.6.2 エール射撃問題

エール射撃問題は問題文の微妙な提示の仕方によって結論が変わってしまうもので，これは推論方式自体が問題によって変化するためと考えられる．

問題は以下のとおりである：

1. 拳銃に弾を込めると，装填された状態になる．

    LOADED ← LOAD

2. 装填された拳銃の引金を引くと人が死ぬ．

●エール射撃問題

---

[12] この"正しい"というのには様々な立場が存在する．数学的に正しい推論が存在するという立場と，人間と同じに推論するのが正しいという立場がある．

[13] エール (Yale) 大学のハンクス (Hanks) とマクダーモット (McDermott) が最初に提案した[12]のでこの名がある．

$$\neg \text{ALIVE} \leftarrow \text{SHOOT} \land \text{LOADED}$$

3. この他にフレーム公理を仮定する．

さて，ここで，時刻順に

時刻 t_0 で A は生きている (ALIVE)．
時刻 t_0 で銃に弾を込める (LOAD)．
時刻 t_1 で関係ない事件が起こる (WAIT)．
時刻 t_2 で銃を A に向けて撃つ (SHOOT)．

という情報が与えられたときに

時刻 t_3 で A は生きているか，死んでいるか？

というのが問題である．日本語で書くと以下のようになる：

ある男がいる．時刻 1 では生きていることが確認されている．銃にも弾が装填されている．そして，少し時間が経過する．拳銃の引金が（彼に向かって）引かれた．装填された銃の引金が引かれると撃たれた人は死ぬ．さて，この男の生死や如何に？

これは，状況計算には以下のように表現される：

True(ALIVE,t_0)
$\forall s$ True(LOADED,RESULT(LOAD,s))
$\forall s$ True($\neg$ALIVE,RESULT(SHOOT,s))
$\forall s$ ends(SHOOT,ALIVE,s)$\leftarrow$True(LOADED,s)
t_1 = RESULT(LOAD,t_0)
t_2 = RESULT(WAIT,t_1)
t_3 = RESULT(SHOOT,t_2)

我々が普通に推論すれば，時刻 t_3 では A は死んでいる．すなわち，

True($\neg$ALIVE,t_3)

が成立する．非単調論理でも，もちろんこの解は出るのだが，困ったことに

もう一つの解が存在する：

時刻 t_2 で弾は出ず，時刻 t_3 で A は生きている．

というものである．以下に両方の解を示す[14]．

	第1の解	行為	第2の解
t_0	ALIVE		ALIVE
		LOAD	
t_1	ALIVE, LOADED		ALIVE, LOADED
		WAIT	¬M LOADED
t_2	ALIVE, LOADED		ALIVE, ¬ LOADED
	¬M ALIVE	SHOOT	
t_3	¬ALIVE, LOADED		ALIVE, ¬ LOADED

第2の解は，時間に関して逆順に推論したことに相当する．すなわち，まず時刻 t_3 を考える．"ある時点で成立する事柄は，特にそれが変化するという情報がない限り，そのまま未来でも成立すると考える" と，t_0 で ALIVE だったのだから，t_3 でも ALIVE に仮定する．撃っても (SHOOT) 死ななかった (ALIVE) のだから，銃には弾が装填されていなかった (¬ LOADED) はずである．そうすると，t_2 では ¬LOADED になる．t_1 の WAIT の影響で，t_0 で装填された弾がなくなったと思われる．つまり，これまでの定式化では，関係ない事柄が起こっても状態が変化しないと仮定しているが，変化しないことは保証していない（できない）．

$$\forall f, s, a \; \text{True}(f, \text{RESULT}(a, s)) \leftarrow \text{True}(f, s) \land \neg \text{M ends}(a, f, s)$$

において結論の否定 ¬True(f,RESULT(a, s)) を仮定すると，¬ M ends(a, f, s) がこれと矛盾するので，M ends(a, f, s) となってしまう．上の例では

M ends(WAIT,LOADED,RESULT(LOAD, t_0))

となるわけである．t_0 で LOAD という行為を行った結果の状況 (t_1) で，WAIT を行うと LOADED が終了すると読む．

人間の場合には ¬ALIVE という解が直観的であろう．しかし，もう少し他

---

[14] この例では，引金を引くと銃から弾がなくなるという因果関係が記述されていないことに気づかれた読者も多いと思う．厳密には t_3 では LOADED は成立すべきではない．

の情報（たとえば WAIT が 10 年だったとか，弾が氷でできていたとか）があれば結果は逆転する．WAIT に関してはこれ以外の情報はないので，具体的にどういう行為かは不明である．論理的には

1. 時刻 t_3 で弾が発射され，人間が死ぬ（¬ALIVE），
2. WAIT の間に ¬ LOADED になって，時刻 t_3 では弾が発射されなくて，死なない（ALIVE）

という二通りの結論が導けるということになる．

　これまでの定式化では，上記の二つの解の一方を選択することは，システムにはできない．例外を含む規則が二つ以上あり，どちらかは例外でないと辻褄が合わないときに，どちらを例外とするかはシステムの外なのである．そこで，新たに公理間の優先度を指定する方法[17]や，時間順に推論する方法[25]が提案された．時間順に推論していって，状態はできるだけ変化しないものと仮定する．そして，どうしても辻褄が合わなくなった時点で変化したことを認める（推論する）のである．しかし，これらはいずれも万能ではない．ある特定の方法はある場合にはよいが，別の場合には破綻するのである．

　例として時間順の推論を考えてみよう．車を郊外の駐車場に駐車しておいて 10 日間の旅行に出たとする．この 10 日間は駐車場をチェックしていない（10 回の WAIT として定式化する）．11 日目に帰ってきたところ車がなくなっているのが発見されたとしよう．この場合，車はできる限り長くその駐車場にあったはずであり，なくなったことを発見する直前の 10 日目に盗難されたとする推論はやはり不自然であろう．旅行に出かけた次の日から，帰ってくる前の日まで確率は同じであるから，初日に盗まれた可能性も最後の日に盗まれた可能性も同じと考えるべきであろう．

　このように，複数の可能性から適切な解を選択する問題はいまだに研究が続けられているが，論理的な解決の見込みは低いと思う．

4.6.3　波及問題と限定問題

　最初に定式化されたフレーム問題[18]とは

> ある行為を記述しようとしたとき，その行為によって変化することがらと変化しないことがらをいちいち明示的に記述するのは（記述，推論において）煩わしい（計算量が指数関数的に増

大する）

というものであった．エール射撃問題やその後に提案された様々な問題を通して，その発展型として以下の二つが浮かび上がってきた．

- 波及問題 (ramification problem)[15]
- 限定問題 (qualification problem)

そしてこれらが哲学者を悩ますこととなった．

　波及問題とは，ある行為によって生じる波及効果をどのように予測するかという問題である．たとえば，ある部屋にいるロボットが，その部屋には時限爆弾が仕掛けられていることを告げられた．部屋にはロボットにとって大事なバッテリーが貯蔵されている．ロボットはバッテリーを台車に載せて部屋から運び出した．しかし，爆弾はその台車にしかけられていたのである．自分の行為の結果を予測できなかったロボットはバッテリーを守れなかったばかりではなく，自らをも破壊してしまうはめになった．

●時限爆弾とロボット

　限定問題とは，ある行為が成功するための必要十分条件を記述したり推論したりできないという問題である．先ほどのロボットの爆死で教訓を得た技術者は新たなロボットを造った．同じ状況でロボットがちゃんと動作することを実験してみた．今度はロボットは台車を運び出せば爆弾もついてくるこ

---

[15] 分岐問題と訳している本もある．

とをちゃんと推論し，爆弾を分解することにした．しかし，通常の時限爆弾には分解を阻止するために様々な工夫がなされていることを知らなかったロボットはその場で爆発させてしまう．爆弾分解の前提条件を推論できなかったのである．

これでさらに教訓を得た技術者は，今度は慎重に前提条件や波及効果を推論してから行動するロボットを造った．このロボットは始動された瞬間から一歩たりとも動けなかった．動いても大丈夫という推論が終了しなかったからである．

初期のフレーム問題が計算量や推論量の爆発を問題にしていたのに対し，これらの発展形は記述や推論の不可能性を問題にしている．フレーム問題の完全な解決とは，行為の前提条件や帰結の記述の量，および行為の影響範囲の推論の量をともにある一定の範囲におさえ込みながら，なおかつ，いかなる場合にも行為の影響に関する完全な推論を行うことを意味する．行為の影響は，状況の変化の影響を受ける上に，状況というのはほとんど無限のバリエーションを持っていることを考えると，この要請の充足は不可能に思われる．機械にはできないが，人間には可能な推論として哲学者たちの議論の的となった[16]．

しかし，実際よくよく考えてみれば，人間にも解決できていない[36]．人間の場合はむしろ逆に，多くの潜在的影響を排し，ある行為に関する"本質的な"前提条件や影響だけを囲い込むことにより推論の量を減らしていると考えられる[39]．つまり，人間が日常生活においてフレーム問題に悩まされていないように見えるのは，日常生活に支障をきたさないような範囲に推論を限定しているからであり，日常とはかけはなれたパズル的状況を人為的に作り出してしまえば，人間もフレーム問題を解決していないことが明らかになる．このような，実用上問題にならない範囲でのみ解決することを疑似解決といい，その範囲ではそのような問題が存在しないかのごとく振舞うことができるが，当然のことながら完全な解決ではないからたまに失敗する．

たとえば，朝，車のエンジンを始動するときに，バッテリーがあること，ガソリンがあること，スイッチが壊れていないことなどをいちいちチェックしない．仮にこれらの始業点検を実施する人がいたとしても，排気管にジャガ

---

[16] この問題は哲学史上初の，工学者によって発見された問題である．

イモが詰まっていないことまではチェックしないに違いない．これらは日常そのようなことがないと知っているからでもあるが，

> 仮にそういう原因でエンジンがかからなくて始動に失敗しても，それから原因を調べればすむ

という理由が大きい．いったん空に浮かんでしまえば，失敗に気づいても手遅れになることが多い飛行機の場合には，車とは比較にならない綿密さで始業点検を行う．それでもときどき墜落するわけで，人間はその経験に学び，次回からの設計や始業点検方式などを改善している．ところが，従来のフレーム問題解決の試みは（論理の枠に固執するあまり）最初から完全な予測を行おうとしているである．人間も行っていない完全な予測を目標にしているという意味で，存在しない問題を自ら構築してそれを解こうとしている感がある．

4.7 非単調論理

フレーム問題で用いられた様相記号 M やフレーム公理の研究は，それらを論理的に定式化しようとする非単調論理 non-monotonic logic の研究へと発展していった．非単調論理とは人間の行う常識推論を定式化しようとしたものと考えてよい．

たとえば以下のような規則（59ページ）を表現したい．

- 典型的な鳥は飛ぶ．
- 典型的な哺乳類は卵を産まない．

この場合に typical という述語を導入したとしよう．

$\forall x \ \text{bird}(x) \land \text{typical}(x) \rightarrow \text{fly}(x)$
$\forall x \ \text{mammal}(x) \land \text{typical}(x) \rightarrow \neg \text{lay}(x, \text{egg})$

このままでは typical であることを定義しなければならない．

$$\forall x \ \text{typycal}(x) \leftarrow \text{adult}(x) \land \neg \text{sick} \land \ldots$$

すべての条件を列記しなければならないとしたら，これは前節の記述問題になる．そこで，フレーム公理と同様に M という様相記号を導入し，

$\forall x$ bird$(x) \wedge$ M typical$(x) \to$ fly(x)

$\forall x$ mammal$(x) \wedge$ M typical$(x) \to \neg$ lay(x,egg)

のようにする．こうしておけば typical でないという情報がない限り typical であると考えて推論を進めることができる．したがって,

$\forall x$ baby$(x) \to \neg$typical(x)

$\forall x$ sick$(x) \to \neg$typical(x)

のように typical でない場合を個別に書いておけばよい．書く情報は先の typical を直接定義するものと変わらないように思えるが，個々の事例を別個に書けばよいので，こちらの方がかなり楽である．しかもこのリストは完全でありえない．書き落としたことに関しては推論を間違ってしまうが，そういう場面に出会うごとに，徐々に追加可能である．

さらに，例外の例外も記述できるし，個々の事例を直接的に以下のように書いても構わない：

$\forall x$ duckbill$(x) \to$ lay(x,egg)
（カモノハシは卵を産む）
$\forall x$ wounded$(x) \to \neg$fly(x)
（怪我をしていると飛べない）

M を使った推論の結論は上記のような直接的な結論より弱く，これと矛盾する場合には M を使った推論が使われない．

たとえばここに Tweety というカナリアがいるとする．カナリアは必ず鳥であるから，

$\forall x$ canary$(x) \to$ bird(x)

これと上記の規則から

fly(Tweety)

が結論できる．しかし，よく見ると Tweety は猫の Silvester に噛まれて怪我をしている．

wounded(Tweety)

この知識を追加するともはや

　　fly(Tweety)

は推論できない．このように知識の増加に伴って結論が変化する（それまで推論できたものが推論できなくなる）推論を**非単調推論** (non-monotonic reasoning) という．

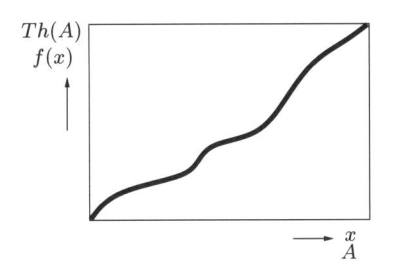

図 **4.2**　単調増加関数

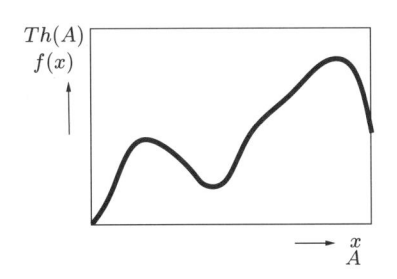

図 **4.3**　非単調増加関数

単調増加関数というのは，図4.2に示されるように，xが増加すれば$f(x)$も増加する：

$$\forall x, y \ \ x < y \to f(x) < f(y)$$

という条件を満たしている関数fのことである．

これを論理に当てはめると，公理が増加すると定理も増加する：

$$\forall Ax, Ay \ \ Ax \subseteq Ay \to Th(Ax) \subseteq Th(Ay)$$

という条件を満たしている論理を**単調論理** (monotonic logic) という．つまり，

正しいとわかっている前提条件（知識）が増えると，そこから導ける結論が増える．通常の論理ではweakeningと呼ばれる以下の推論が成立するので，単調論理である：

$$\frac{\Gamma, \Gamma' \vdash \Delta}{\Gamma, A, \Gamma' \vdash \Delta}$$

この式は，前提に余分な条件を追加してもよいことを表している．前提条件の追加に対して結論が減らないことを単調性と呼んでいる．

しかし，先に述べたように人間の日常の推論は単調ではない＝非単調である．つまり，前提条件に関する知識が増えると，それから証明できることが減る場合がある．そういう場合にどういう推論が成立するのかを研究し，それを定式化するのが非単調論理の研究であるが，前節でも述べたように，人間と同じような非単調推論をさせるには常識[17]の問題が絡んでおり，形式論理だけで解決できる見込みは少ない．

4.8 線形論理

非単調論理が定理の範囲を広げる（ある公理が与えられたときに，それから推論できる範囲を拡大する）方向のものであったのに対し，**線形論理** (linear logic)[10]はそれを逆に制限するものである[18]．推論の資源を考慮した論理であるとも言われている．

通常の論理では推論で規則を使う回数などには言及しないが，線形論理では規則の使用回数に制限がある（普通は1回）．もう少し論理的に正確にいうと，LKと呼ばれるゲンツェンの体系[19]の変形で，LKのうち論理式の数を増減させる以下の二つの規則を除いたものである[30]：

contraction: $\dfrac{\Gamma, A, A, \Gamma' \vdash \Delta}{\Gamma, A, \Gamma' \vdash \Delta}$ $\dfrac{\Gamma \vdash \Delta, A, A\Delta'}{\Gamma \vdash \Delta, A, \Delta'}$

weakening: $\dfrac{\Gamma, \Gamma' \vdash \Delta}{\Gamma, A, \Gamma' \vdash \Delta}$ $\dfrac{\Gamma \vdash \Delta, \Delta'}{\Gamma \vdash \Delta, A, \Delta'}$

---

[17]ここでいう"常識"は未定義用語で，我々が日常使う意味での"常識"である．最初に述べたように，非単調論理は人間の行う常識推論を定式化しようとしたものであるが，この定式化には未だに成功していないし，おそらく将来も完全には成功しないと予測している．

[18]線形というのは単調よりもきつい制約である．直観的に言えば単調というのは曲線でもよいが，線形はそれを直線に制限している．ある式の集合と別の式の集合を合わせると正確にそれらの足し算分の式になり，それより多くも少なくもない．

[19]ここでは詳しく述べることはしない．2.4節で述べた自然演繹に近いものだと思っておいて間違いない．古典論理とも呼ばれる．詳しく知りたい人は[35, 37]などを参考にされたい．

4.8 線形論理

線形論理では，結論を導き出すのに必要十分な命題だけが存在するときに証明ができる．丁度お金を使うとなくなるように，命題を使うとなくなるのである．そういうわけで，自動販売機の例題が好んで使われる．

いま"100円持っている"という命題を M としよう．"100円持っていればコークが買える"という命題を $M \to C$ と表すことにする．同様に"100円持っていればペプシが買える"という命題を $M \to P$ と表す．

$$\Gamma = \{M, M \to C, M \to P\}$$

これを古典論理の体系で推論すると

$$C \wedge P$$

が証明できる．100円持っているとコークとペプシが買えることになってしまう!! ちょっとやってみよう．

$$\frac{\dfrac{\Gamma \vdash M \quad \Gamma \vdash M \to C}{\Gamma \vdash C} \quad \dfrac{\Gamma \vdash M \quad \Gamma \vdash M \to P}{\Gamma \vdash P}}{\Gamma \vdash C \wedge P}$$

$\Gamma \vdash M$ が2回使われているのがわかると思う．線形論理ではこれができないようになっている．

● "コプシ" コーラ？

以前，論理の $\wedge$ や $\vee$ の使い方は日常言語の and や or とは異なる場合があると述べた．線形論理では and に乗法的 and と加法的 and があると考えて区別

する．

& : 加法的 and．加法的なものは"和"集合や論理"和"という呼び方をされてきた．つまり or に近い and である．コークかペプシのどちらかしか買えない（どちらを買うかは自分で選択できる）．"コークとペプシのどちらになさいますか？"というときの"と"である．両方はオーダーできない．これは以下のように書かれる[20]：

$$M \to C \& P$$

なお，"ランチサービスにはコークかペプシが付きます"という場合の"か"の方が加法的な雰囲気が出ているかもしれない．

⊗ : 乗法的 and．論理"積"すなわち ∧ に近い and．and の中の and．論理的な and は通常こちらである．もしこれが成立すればコークとペプシの両方が買えてしまう．"食後にはコーヒーとケーキが付きます"というときの"と"である．

$$M \otimes M \to C \otimes P$$

は成立するが，

$$(*) \quad M \to C \otimes P$$

は成立しない．

続いて，and の双対となる or についても見ていこう．

⊕ : & に対応する or である．加法的 or．普通の論理的 or に近い．おみくじで"吉か凶が出ます"というときの"か"に近く，自分でどちらを引くかは選択できないが，必ずどちらかが出る．

𝒫 : ⊗ に対応する or であるが，言葉で説明するのは難しいようである．$p\mathcal{P}q$ は p でなければ q，q でなければ p である，という意味では若干因果的であるが，片方の否定がわからない限り決めることができないような渾然一体の状態にある．コークとペプシの自動販売機で言えば，どちらかが空になったと

---

[20] 線形論理では"ならば"に → の代わりに ⊸ を用いる．しかし，ここでは普通の → で示しておく．

きは反対側が出てくるが，それまでは何ともできないようなものである（どうやって片方を空にするかというと，その事実を証明するのである）．

なお，この $\mathcal{P}$ は，元々 & をひっくり返したもの $⅋$ が使われていた．

以下にこれらの違いを推論規則として表そうと思うが，その前にちょっと準備が必要である．古典論理では

$$p \to q \equiv \neg p \vee q$$

であるのを受けて，

$$A_1, \ldots, A_m \vdash B_1, \ldots, B_n$$

の意味は

$$A_1 \wedge \ldots \wedge A_m \to B_1 \vee \ldots \vee B_n$$

であった．and や or の意味が変更されるに従って，これも変わる必要がある．そこで，線形論理では

$$A_1 \otimes \ldots \otimes A_m \to B_1 \mathcal{P} \ldots \mathcal{P} B_n$$

となる．

さて，推論規則は以下のようになる：

$$\frac{\Gamma \vdash A \quad \Delta \vdash B}{\Gamma, \Delta \vdash A \otimes B}(\otimes 導入)$$

$$\frac{\Gamma \vdash A \otimes B \quad \Delta, A, B \vdash C}{\Gamma, \Delta \vdash C}(\otimes 削除)$$

42 ページ以降の古典論理の規則と比較して欲しい．$\otimes$ 導入は $\wedge$ 導入と同じ（どちらもシーケントの定義より明らか）だが，$\otimes$ 削除は $\wedge$ 削除ではなく，$\vee$ 削除と似た形になっている．そして $\wedge$ 削除には次の & 削除が対応する．

$$\frac{\Gamma \vdash A \quad \Gamma \vdash B}{\Gamma \vdash A \& B}(\& 導入)$$

$$\frac{\Gamma \vdash A \& B}{\Gamma \vdash A} \quad \frac{\Gamma \vdash A \& B}{\Gamma \vdash B}(\& 削除)$$

続いて $\oplus$ について見よう．

$$\frac{\Gamma \vdash A}{\Gamma \vdash A \oplus B} \quad \frac{\Gamma \vdash B}{\Gamma \vdash A \oplus B}(\oplus 導入)$$

$$\frac{\Gamma \vdash A \oplus B \quad \Delta, A \vdash C \quad \Delta, B \vdash C}{\Gamma, \Delta \vdash C}(\oplus 削除)$$

$\oplus$導入は$\vee$導入と同じだが$\oplus$削除の方は$\vee$削除と微妙に異なる．$\vee$削除ではAとBが異なるコンテクストでよかったが，$\oplus$削除では両者が同じコンテクストである必要がある．

次は$\mathcal{P}$である．

$$\frac{\Gamma \vdash A, B}{\Gamma \vdash A \mathcal{P} B}(\mathcal{P}導入)$$

$$\frac{\Gamma \vdash A\mathcal{P}B \quad B \vdash \Delta}{\Gamma \vdash A, \Delta} \quad \frac{\Gamma \vdash A\mathcal{P}B \quad A \vdash \Delta}{\Gamma \vdash B, \Delta}(\mathcal{P}削除)$$

$\mathcal{P}$導入はシーケントの定義そのままである．$\mathcal{P}$削除は$A\mathcal{P}B$のうちどちらか片方が否定されたら残りが結論できるという形になっている．

だいぶこんがらがってきたと思う．ここで何が推論でき，何が推論できないかをまとめておく．先頭に(*)が付けてあるのは推論できないものである．

	$A, B \vdash A \otimes B$	(*)	$A, B \vdash A \& B$
(*)	$A \otimes B \vdash A$		$A \& B \vdash A$
(*)	$A \otimes B \vdash B$		$A \& B \vdash B$
	$A \vdash A \oplus B$	(*)	$A \vdash A \mathcal{P} B$
	$B \vdash A \oplus B$	(*)	$B \vdash A \mathcal{P} B$
(*)	$A \oplus B \vdash A, B$		$A \mathcal{P} B \vdash A, B$

これ以外にも$\forall$や$\exists$の解釈が若干異なっていたり，andやorが二つに分離したことにより，真偽にも二種類あったりするが，ややこしくなるので省略する．

筆者は，線形論理が以上の概念だけから構成されていると美しいと思うのだが，実はそれ以外のトリックがある．資源無尽蔵を表す!と?の導入である．!Aは任意個（ゼロから無限）のAを$\otimes$でつなぎ合わせたものを，?Aは任意個（ゼロから無限）のAを$\mathcal{P}$でつなぎ合わせたものを，それぞれ意味する．

!A

と書いておけば，Aが必要な回数だけ推論に使えるのである．!と?に関して，それぞれ以下の推論が成立する：

$$\frac{\Gamma \vdash \Delta}{!A, \Gamma \vdash \Delta} \qquad \frac{!A, !A, \Gamma \vdash \Delta}{!A, \Gamma \vdash \Delta}$$

$$\frac{A, \Gamma \vdash \Delta}{!A, \Gamma \vdash \Delta} \qquad \frac{\Gamma \vdash \Delta, A}{\Gamma \vdash \Delta, !A}$$

$$\frac{\Gamma \vdash \Delta}{\Gamma \vdash \Delta, ?A} \qquad \frac{\Gamma \vdash \Delta, ?A, ?A}{\Gamma \vdash \Delta, ?A}$$

$$\frac{A, \Gamma \vdash \Delta}{?A, \Gamma \vdash \Delta} \qquad \frac{\Gamma \vdash \Delta, A}{\Gamma \vdash \Delta, ?A}$$

！や？の導入がトリック的であるとはいえ，しかし，これらを取り去るとほとんど何もできなくなるのも事実である．たとえばPrologのようにプログラムを作っても1回使われると消えてしまうのでは再帰的な計算すらできない．規則は必要な回数だけ何度でも使えないと困る．最近ではこの！と？を弱めたLLL(Light Linear Logic)も研究されているようである．

このような計算資源を考慮したシステムは，並行システムの記述などに有効であると考えられている．実際，ペトリネット(Petri net)やミルナー(Robin Milner)のπ計算(π-calculus)などが線形論理で定式化できる．たとえばメッセージは受信されれば消えることや，資源の排他制御などが書きやすい．エージェントの仕様記述に使った話はまだ聞かないが，出てくるのは時間の問題かもしれない．

4.9 AFA

AFAとはAnti-Foundation Axiomの意味であり，ZF集合論（5.1節）から基底公理を取り去ったものである．

公理 1 　基底公理(axiom of foundation)：

$$A \neq \emptyset \to \exists x \in A \ (x \cap A = \emptyset)$$

この公理は，集合はすべて空集合$\emptyset$から出発して順々に作られたものであることを表現しているものである（5.1節）．あるいは，一般に

$$a_0 \ni a_1, \ a_1 \ni a_2, \ a_2 \ni a_3, \ldots$$

となるような無限の列が存在しない（どこかで ø になり，空集合には要素が存在しない）ことと等価であり，特にいかなる集合も自分自身を要素にできない：

$$a \notin a$$

AFA では，この基底公理がないのだから自分自身を要素にした集合を扱うことができる．

基底公理は後で出てくるラッセルのパラドックス（121ページ）を避けるために必要なものであるが，筆者自身はあまり好んでいない．自己言及でもなんでもありの方が面白い気がしている．実際，我々の使う言葉（日本語など）はいくらでも自己言及ができる構造をしているのだし，それを扱うソフトウェアエージェントだってその方がよいに決まっている．

AFA 集合はグラフで表現される．ノードには一意に決まるラベルが付いており，同じラベルは同じノードを表す．たとえば図 4.4（106ページ）はすべて同じ集合[21]を表す．

AFA による自己言及の例を見よう．

$$a = \{x \mid x \in x\}$$

という集合は

という集合は

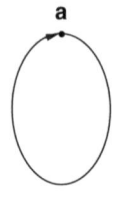

のように表せばよい[22]．これは1段展開して

---

[21] これは後（124ページ）に出てくるランク3の集合の要素，3 である．
[22] 厳密には AFA 集合論では集合のドメインを明記して a={$x \in \alpha | x \in x$} とする必要がある．ZF 集合論では a は α には含まれてはならなかったが，AFA 集合論ではそれが許される．

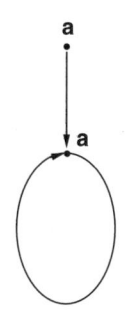

のようにしても同じである．さらに何段でも展開できるが，AFAによるとこのような集合はただ一つ存在することがわかっているので，全部同じものである．

AFAは状況論理のモデルとして採用された．状況論理では自然言語の意味論を扱う必要から自己言及が様々な形で現れる（自己言及を禁止したZF集合論ではモデルが作れない）．そして5.2節でみるように，嘘つきのパラドックスを見事に解明してのけた．

ところで，基底公理を追放したことによって，**数学的帰納法** (induction) が使えなくなった．数学的帰納法は基底から順に積み上げていく（あるいはこのプロセスを逆にたどって基底に還元する）という手法をとる．典型的には以下のような論法である：

1. $P(0)$ が成立する．
2. $P(k)$ が成立すると仮定すると，$P(k+1)$ も成立する．
3. よってすべての n に対して $P(n)$ が成立する．

定理の作り方もこれであった．公理から始めて，そこから証明できるものをどんどん追加していく．もうこれ以上大きくならなくなったところが定理である（最小不動点[23]ともいう）．

AFAでは $n=0$ の場合に相当するものがあるとは限らない．そこで**逆帰納法** (co-induction) を使う．通常の帰納法が基底から始めて，一つずつ要素を追加して行くのに対し，これは全体から始めて，違うものだけを取り去って行くのである．不動点も最大不動点を扱う．このような逆帰納法や最大不動点

---

[23]証明という操作を加えても元と同じものしか得られないので，証明に関する不動点という．そのなかで最初に得られる最も小さいものを最小不動点という．

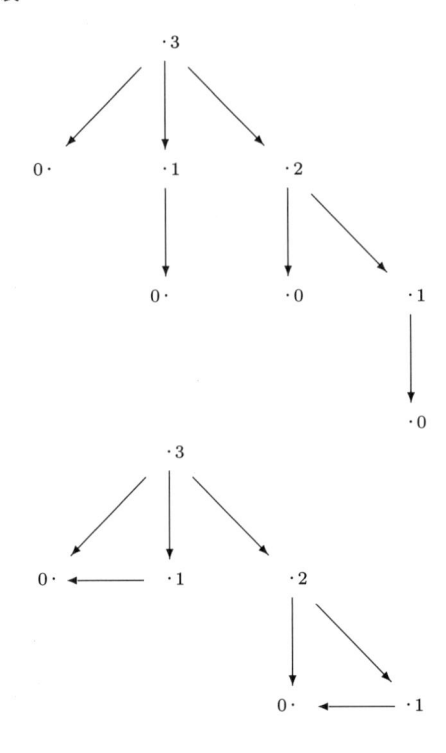

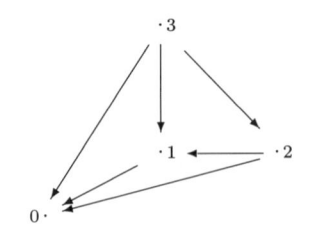

図 4.4 AFA 集合の例

という考え方が最近注目されていることを指摘して本節を終ろう．

4.10 状況理論

状況理論(situation theory)[3, 8]とはバーワイズ(Jon Barwise)[24]らによって提唱された新しい論理の体系とその上での様々な枠組のことをいう．論理式の真偽を，式だけで決めるのではなく，周囲の状況との関係として決めようというもので，特に，自然言語の意味論に適用した**状況意味論**(situation semantics)が成果を上げている．発話の意味は状況に依存しているところが大きいからである．

たとえば"今，外は雨"という文の真偽は

1. いつ
2. どこで

発話されるか（という状況）に依存している．

2.2節で述べたように，通常の論理（たとえば古典論理）は以下の概念から成立している．

1. 恒真命題(tautology)
2. 公理
3. 定理

恒真命題とは各々の論理系に固有の，常に真となる命題のことで，たとえば古典論理では以下のようなものがある：

$\Delta \to \Delta$

$\Delta \lor \lnot \Delta$

公理は論理系の上で特定の理論を展開するときに，真として与える命題である．たとえば自然数に関する公理としては以下のものがある[25]：

$n(0)$

$\forall x\ n(x) \to n(x+1)$

あるいは自然数の足し算は以下のようになる：

---

[24]本書校正中にバーワイズがガンで死去という悲しい知らせを受けた．
[25]ここで+は単なる記号であることに注意．0+1は1ではない（この公理からは導けない）．自然数は 0, 0+1, 0+1+1, 0+1+1+1, ... のように表される．

$\forall x\ p(0, x, x)$

$\forall x, y, z\ p(x, y, z) \to p(x+1, y, z+1)$

定理はこれらの公理から出発して推論規則を使って導けるものである．恒真命題とは公理なしに導ける定理のことだと思ってもよい．そして，この定理がモデル[26]で成立する性質のみに対して真となるような理論が正しい理論であった（2.1節）．

さて，このような論理体系の上で"今，外は雨"という文が表現できるだろうか？そのためには通常"今"や"外"を（現実世界の特定の時刻や場所に対応する）定数に固定する必要がある．たとえばrainを述語にとると

rain(1999-08-05:09:35:00,Stockholm).

というような文になる[27]．このように場所や時間を固定してしまえば，この文の真偽は永遠に不動となる．"今，外は雨"というような，いつ，どこで発話するかによって真偽が変わる文を，その発話時刻と場所を含んだ表現とし，それらへの依存性をなくすことによって始めて古典論理による扱いが可能となる．

このやり方には欠点が二つある．

1. 発話には具体的に含まれない要素を同定する必要がある．
   たとえば時計を持たずに"今，外は雨"という発話を聞いてしまった場合，それを論理式に直す手段がない．
2. どれだけの情報を固定すればよいかが自明ではない．
   たとえ時計を持っていたとしても，どの程度詳しく時間を読めばよいかわからない．また，スウェーデン時間であるという情報は付加すべきであろうか？西暦という情報は？

状況理論　状況理論では命題の表現として，状況と，その状況における情報の組を用いる．ある状況 s が σ という状態にあるということを

$s \models \sigma$

---

[26] モデルとは論理で表現したいものを表すもう一つの形式的体系だと思ってよい．

[27] ちなみに筆者が現在これをタイプしている1999年8月5日午前9時35分頃のストックホルムの天候は晴れなので，上記の文は偽である．

と表し，これ全体が命題として真偽値を持つ．σ だけでは真偽が決まらない．σ は，従来の命題と区別され，情報の単位**インフォン**(infon) と命名されている．インフォンは通常の命題と区別するために

《関係，引数リスト；極性》

のように書かれることが多い．極性は1あるいは0で，1は関係が成立すること，0は関係が成立しないこと（否定）を表す．極性が1の場合は省略されることが多い．

上記の命題を状況理論的に表すと

$s \models \langle\!\langle \text{rain} \rangle\!\rangle$
$s \models \langle\!\langle \text{year}, 1999 \rangle\!\rangle$
$s \models \langle\!\langle \text{month}, 8 \rangle\!\rangle$
$s \models \langle\!\langle \text{date}, 5 \rangle\!\rangle$
$s \models \langle\!\langle \text{time}, 09, 35, 00 \rangle\!\rangle$
$s \models \langle\!\langle \text{location}, \text{Stockholm} \rangle\!\rangle$

のようになる．

この $\models$ という記号は本来，モデル論で，左辺のモデルの下では右辺の命題が成立するということを表す記号であり，

自然数のモデル $\models \forall x\ p(0, x, x)$

のように使われるものであったのを状況の表現に流用している．s は実際の状況を指す記号である．右辺のインフォンによって s が定義されているわけではない．したがって s に関するすべての情報を表現しておく必要はない．日付は知っているが時計を持っていない場合には

$s \models \langle\!\langle \text{rain} \rangle\!\rangle$
$s \models \langle\!\langle \text{year}, 1999 \rangle\!\rangle$
$s \models \langle\!\langle \text{month}, 8 \rangle\!\rangle$
$s \models \langle\!\langle \text{date}, 5 \rangle\!\rangle$
$s \models \langle\!\langle \text{location}, \text{Stockholm} \rangle\!\rangle$

でよいし，地名を知らなければ

$s \models \langle\!\langle \text{rain} \rangle\!\rangle$

$s \models \langle\!\langle \text{year, 1999} \rangle\!\rangle$

$s \models \langle\!\langle \text{month, 8} \rangle\!\rangle$

$s \models \langle\!\langle \text{date, 5} \rangle\!\rangle$

$s \models \langle\!\langle \text{time, 09, 35, 00} \rangle\!\rangle$

でよい．情報の部分的表現が可能である．

この $s \models \sigma$ という記法は，概念上，状況計算の $\text{True}(\sigma, s)$ に対応すると考えてよい．異なるのは古典論理に基づく状況計算では2階になってしまう概念が，状況理論では1階で済んでしまう点である．計算や証明の手間を考えるとこの差は大きい．2階の述語は一般には計算不可能であるが，我々の興味のある部分は2階述語全体ではなく，状況に依存した命題の記述の部分だけである．したがって，この部分に適した別の枠組を作ることによって計算の手間は大きく変わってくる．

状況理論の記法の奥にある考え方の一つは，普遍の真理を扱うのを止めたということである．すなわち，世界全体に通用する真理ではなく，その一部でのみ成立する命題を対象として扱って行こうとするものである．(この違いは5.2節で詳細に述べる．) この態度は最近の人工知能研究のそれとよく一致する．人間の知能がそうであるように，知的な振舞いというのは外部の状況の助けなしには存在し得ないというのがその理由である (たとえば [29])．最右翼の流れとしてはブルックス (Rodney Brooks)[6] らの，内部表現を持たない反応型ロボットの研究がある．これは極端な例にしても，外界の完全な内部表現を持たず，部分表現に基づく部分的プランと外界の観察による行動のモデルが研究の中心になることが多い．

状況推論　状況にある情報を最大限に利用している例として，自然言語による通信がある．我々が用いる言葉の内容はそれを使用する状況に依存する．先にも述べたように，言語の状況依存性には以下の二つがある：

1. 実際に文には表れてこない情報 (時間や場所の情報) が内容には含まれること．
2. 単語とその指示内容とのマッピングが状況に依存すること．典型的な例としては"私"と人物や，"今"と時刻のマッピングなどがある．ま

た単語の一般的使用と専門用語としての使用の差などもある．

このように状況に依存する表現（言語表現には限らない）や，それを用いての推論を，状況の内部にいて，それに依存する推論という意味で**状況内推論**(situated reasoning) と呼ぶことにする．状況内推論においては，その推論の正しさは状況の方が保証することになる．つまり，ある推論の仕方は常に通用するとは限らず，たまたま特定の状況でのみうまく行くのである．

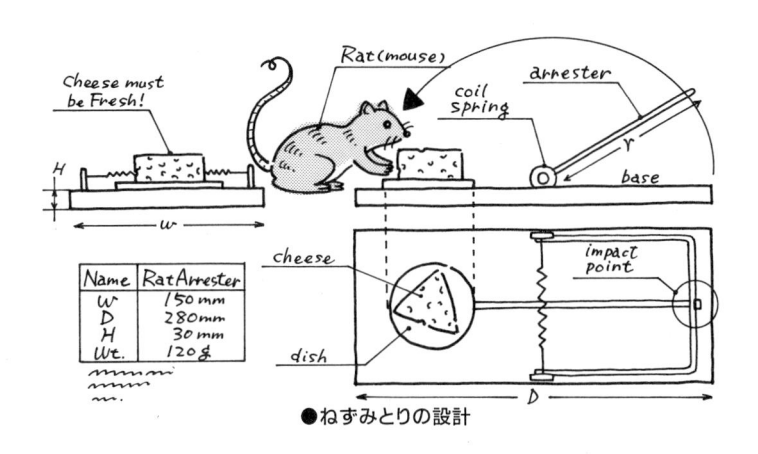

●ねずみとりの設計

たとえば状況理論の提唱者の一人，ペリー (John Perry) が好んで用いる例（残念ながら推論の例ではないが，推論との類推でみることが可能である）としては，ねずみとりがうまく働くのはねずみが特定の大きさや重さであるという状況をうまく利用しているからであるというのがある．ねずみとりは，個々のねずみの大きさを測定してそれに合わせた位置にバーを落しているわけではないし，ましてや目前のねずみの大きさ等に関する内部表現を持っているわけではない．ねずみが小さければバーは空ぶりするし，ねずみがチーズが好きでなければそもそもバネが落ちない．つまり，ねずみとりの側だけを"閉ざされた系"として取り上げてみても，これでねずみが取れるという

保証はないのである．実際のねずみと，ねずみとりの構造が一致していることが重要なのである．

状況内推論は常に正しいとは限らない．特に，状況の認識を間違うと成立しなくなる．したがって，実際の認識主体の行為においてはこの状況の認識というのも重要な要素になる．したがって，状況も推論の対象とする必要がある．さらにすすめて，推論に用いる表現や規則自身が状況に依存するような推論を考えることができる[28]．そうすると，どのような状況で推論するかを自分でコントロールする必要がある．これを，状況内推論に対し，**状況に関する推論** (inference about situations) と呼ぶことにする [21]．状況に関する推論を行うときに，状況理論で状況が普通のデータで操作の対象になっていることが力を発揮する．状況計算でも状況は操作対象であるが，それは2階になってしまう．

このような状況推論の機構は，理論家あるいは設計者の視点ではなく，エージェントの立場（内部の視点）[24] から考え，実装していく必要がある．"何が最適か？"ではなく，与えられた情報と計算資源（時間やメモリ容量など）のもとで"何をするのがよさそうか？"である．これには"いい加減に行動するか？それとも熟慮するか？"というような選択も含まれている．そのような研究の場としては **RoboCup** サッカー [16] などもよい設定であろう．戦略を練っている間にどんどん敵やボールは移動してしまう．かといって子供の団子サッカーのようになっても勝ち目はない．適当に考え，適当に速く動く必要がある（口絵参照）．

状況推論で用いる表現は以下の特徴を持っている [31]：

1. 推論に用いられる表現は必ずしも表現される対象や状態を完全に模倣する必要はない．表現が環境に適切に埋め込まれている，あるいは表象操作とそれに基づく行為のための主体の構造が適切であれば推論に用いる表現自体は簡略化することが可能である．さらに，それにともなって推論操作も簡略化し，効率的に推論を行うことが可能である．
2. 必要に応じて環境への依存度の異なる表現を使い分けることが可能でなければならない．

---

[28]常識推論（92ページの盗難車問題など）にも応用できるかもしれないが，メドはたっていない．

つまり，内部表現は適当に簡略化しておく方がよい．我々が普段の生活で"時間帯"のことを考えないように．しかし，必要とあらば（たとえば国際電話をかけるときには）時差を考慮する必要がある．ここで注意してほしいのはデフォールトとして日本時間を常に代入しているわけではないという点である．時間帯は通常考慮の外にある．

状況推論の最も単純な例としては，以下のようなものが考えられる．たとえば喫茶店での行動のプランをたてるときに

  take(I, bus, location-x)
  at(I, location-x)$\rightarrow$ enter(I, cafe1)
  find_waitress(I, x)$\rightarrow$order(I, x, {coffee, cake})
  coffee(x)$\rightarrow$drink(I, x)
  cake(x)$\rightarrow$eat(I, x)
  pay(I, x)$\land$money(x)
  exit(I, cafe)

のように，いちいち"I"という行為主体を入れて考える必要はなく，

  take(bus, location-x)
  enter(cafe)
  find_waitress(x)$\rightarrow$order(x, {coffee, cake})
  drink()
  eat()
  pay(x)$\land$money(x)
  exit(cafe)

でよい．客観的表現ではなく，自己中心表現である．さらに目の前にあるのがコーヒーだとわかっていれば，毎回それを確認することなくただ飲めばよい．ペリー[22]はこのような自己相対的表現は単に都合がよいだけではなく，主体の行動のためには本質的なものであると述べている．

状況内オートマトン このように通常は喫茶店のような特定の状況（と言っても，地球環境のようにほとんど普遍かつ不変のものもある）に埋め込まれていることを利用して状況内推論を行うことにより行動が可能である．広い

意味では，推論すら必要でなく自動販売機のような単に決められた入力に決められた動作を行っているだけでよい．自動販売機は地球の重力や貨幣の質量／デザインという外的状況を利用して投入された金額の判別をしている．

この考え方を押し進めたのが**状況内オートマトン**(situated automata) の考え方や，それを応用したブルックスのロボットである．状況内オートマトンの考え方を最初に提唱したローゼンシャイン (Stanley Rosenschein) は以下のように述べている [23]：

> 旧来のアプローチでは，機械は論理的主張を言語的な対象としてコード化してできたデータ構造を操作するものとみなされている．新しいアプローチでは，論理的な主張は機械の知識ベースの一部分ではないし，機械によってそれらが何らかの仕方で形式的に操作されるわけでもない．むしろ，これらの主張は設計者のメタ言語におけるものであり．．．．（中略）背景的な制約条件そのものを機械の状態の中に明示的にコード化する必要はない．．．それらはあらゆる状態変化のもとで不変であるからである．

状況と機械の動作の関係は設計者の頭の中にあればよく，実際の機械がそういうことを"知っている"必要はない．ローゼンシャインらはこの考え方に基づき，設計用のメタ言語による動作記述を実際にオートマトンの回路にコンパイルする技法を与えている．人間の小脳における運動のコンパイルもこのようなものと考えてよいだろう．

状況への同調と制約　状況内で効率良く推論できるのはその推論主体が状況の持つ制約に同調しているからである．たとえば地球で我々がうまく歩けるのは地球の重力，地面の摩擦その他多くの地球環境でのみ成立する制約に同調しているからである．したがって状況が変化すれば，これまでうまくいっていた行為が失敗することもある．推論についても同じである．

ある状況で存在しうるインフォンの間にはその状況に関する制約で規定される関係が存在する．我々はこの制約を（意識的にせよ，無意識的にせよ）用いることにより状況に合った推論や行動を行うことが可能になっている．たとえば，車の速度を表示する速度計は，車輪の回転数を計り，それが速度と

一定の関係にあること（速度と回転数に関する制約）を利用している．たとえば回転数が毎秒10回のときに時速65kmであるという制約は

$$\langle\!\langle \mathrm{rev}, x, \mathrm{sec} \rangle\!\rangle \to y{=}6.5x \wedge \langle\!\langle \mathrm{speed}, y, \mathrm{km/h} \rangle\!\rangle$$

のようになる．ここで x, y などはパラメータと呼ばれ，ここでは $\forall$ で限定された変数と思ってよい．実際にはこの関係は特定の半径のタイヤの車にのみ当てはまるので，この制約も特定の状況によってのみサポートされることになる．

$$S_{\mathrm{car1}} \models (\langle\!\langle \mathrm{rev}, x, \mathrm{sec} \rangle\!\rangle \to y{=}6.5x \wedge \langle\!\langle \mathrm{speed}, y, \mathrm{km/h} \rangle\!\rangle)$$

状況間の制約を表現することも可能で

$$(S_{\mathrm{sun}} \models \langle\!\langle \mathrm{abnormal, fusion} \rangle\!\rangle) \to (S_{\mathrm{earth}} \models \langle\!\langle \mathrm{abnormal, climate} \rangle\!\rangle)$$

（太陽状況で核融合が不安定になれば，地球状況で気候が不安定になる）のようになる．

状況の意識化 これまでに述べてきたように，通常は状況を意識することなく推論や動作ができる．しかし状況が変化した場合にはその推論や動作はもはや正しいものではなくなるかもしれない．そのような場合には状況の変化に適応するための別の機構が必要となる．推論の場合には，これまで推論の対象外であった状況を再び意識化する必要がある．従来インフォンの上で行われていた推論を

　　　状況 $\models$ インフォン

の形に引き戻して，状況に関する推論を行わなければならない．

　状況に関する推論とは，状況の変化や，さらには自分が今置かれている状況以外の状況について推論することをいう．ある状況に同調している場合には，様々な推論を省略することが可能になるが，別の状況では別の推論法が必要となる．状況の変化にともないこれを切換える必要がある．ここでは，推論に用いる規則も状況に付随しており，それらも状況と同様に切換えられるものとしている．

状況内推論と状況に関する推論とでは使える公理系が異なることになる．さらには，どの状況でどういう推論を行うのかも推論の対象とすることにより，状況内推論では扱い切れない問題が解決可能になる．この特別な例としては，状況の変化に応じて推論モードを切り換える（つまり，状況から別の状況へと同調し直す）ことが含まれる．

状況に関する推論を行う場合は，その対象とする状況に関する制約を積極的に利用する．

Planner[13] では

$$P \leftarrow Q$$

という論理式を，

1. P を証明／計算／結論したいときには Q を証明／計算／結論すればよい．
2. Q が知識に追加されたときには P を追加する．
3. P が知識から削除されたときには Q を削除する（対偶）．

というように読み，推論に用いる．我々も制約に関して同じ立場をとることが可能である．ただし，"状況" が加わっているので話は複雑になる．たとえば太陽の核融合が異常になると地球の気象が異常になるという制約：

$$(S_{\text{sun}} \models \langle\!\langle \text{abnormal, fusion} \rangle\!\rangle) \to (S_{\text{earth}} \models \langle\!\langle \text{abnormal, climate} \rangle\!\rangle)$$

を，前提と結論の両者を状況込みで記述したまま使えば earth, sun 以外の第3者的状況（たとえば別の太陽系）から両者の関係について推論できるし，前提部分のみの状況表現を残した

$$(S_{\text{sun}} \models \langle\!\langle \text{abnormal, fusion} \rangle\!\rangle) \to \langle\!\langle \text{abnormal, climate} \rangle\!\rangle$$

は地球の側から太陽の状況に関する推論を求めるもの（別の状況で使えば間違い）になり，結論部分のみの状況表現を残した

$$\langle\!\langle \text{abnormal, fusion} \rangle\!\rangle \to (S_{\text{earth}} \models \langle\!\langle \text{abnormal, climate} \rangle\!\rangle)$$

は太陽の状況（別の状況で使えば間違い）から地球について推論するのに使える．これらすべての場合について Planner の場合のような手続きを考えることが可能である．

これらの制約の集合を，その状況で使うことのできる推論の公理とみなし，これを適当に切替えながら行うのが状況に関する推論である．特に，どのような公理を用いるのかも推論の結果であることに注意されたい．太陽と地球では使う推論規則（制約）が異なる．また，制約をバックワードチェイン："Pを証明／計算／結論したいときにはQを証明／計算／結論すればよい"として使う場合には，その前提条件に関する情報がない場合には状況を参照に行くという，状況内推論を行うことになる．通常は無視していた条件を陽に考えたり，観察（たとえば時計を見ること）によってそのデータを入手したりする．つまり，最初から公理系を固定して推論を行うのではなく，推論結果によって公理系を変更したり，新しい公理（あるいはデータ）を追加したりするのが状況推論の考え方である．ソフトウェアエージェントの場合には人間に問い合わせたりする手もある．いずれにしても，このような柔軟性をもった方式が真の知能実現には必要なのである．

第5章

不完全性定理と知能

　本章では論理と知能の問題について考える．ゲーデル (Kurt Gödel) の不完全性定理を引き合いに出して，"機械的推論は不完全だが人間は完全な推論ができる．よって機械では真の知能は実現できない．"という論法をよく目にする．本当であろうか？知的エージェントは真に人間の代理にはなりえないのであろうか？

　不完全性定理の意義をちゃんと説明しようと思うと本を一冊書かなければならない（たとえば [41, 42] などは大変良い解説書である）．ここでは本書の他の部分同様（あるいはそれ以上に），厳密さは少々犠牲にしてでもその意義を簡単に述べてみたい．

5.1　集合論のパラドックス

　第1章では，集合とは要素の集まりであるという，素朴な集合論について述べた．しかし，この素朴な立場では様々なおかしなことが起こる．たとえばすぐ後で述べる有名なラッセル (Bertrand Russell) のパラドックスがある．

　集合の要素は思考の対象となるものなら何でもよいと述べた．集合の内包的定義とは，その要素の持つ性質を書き，それに合致するものだけを要素として取り出せばよいのであった．これは要素かどうかの判断が容易であるという前提に基づいている．たとえば，ある集合

$$\{a, b, c\}$$

を持ってくれば，特定のシンボル x がこの集合の要素であるかどうかは

$$(x = a) \lor (x = b) \lor (x = c)$$

を調べればよい．したがって，二つの集合 S_1 と S_2 が与えられれば，それらのどちらにも含まれる要素からなる集合 $S_1 \cap S_2$ というのは簡単に定義できる：

$$\{x \mid x \in S_1 \land x \in S_2\}$$

では

　　　自分の要素でないもの

というのは簡単に判断できるだろうか？

　　　自分の要素

が決まっていれば，上記と同じようにそれらと比べればよい．やってみよう．

$$A = \{a, b, c\}$$

とすると，A の要素でないものは

$$(x \neq a) \land (x \neq b) \land (x \neq c)$$

である．つまり補集合である：

$$\overline{A} = \{x \mid x \notin A\}$$

そうすると，"自分自身の要素でないもの" は集合の記法では

$$x \notin x$$

と書くことができる．したがって "自分の要素でないものだけを含む集合" は

$$B = \{x \mid x \notin x\}$$

と定義できる．さて，この集合自身（B と呼ぶことにする）はこの集合の要素だろうか？　そうだとすると B は $B \notin B$ を満たすはずだから，B は B の要

素ではない．しかし，B が B の要素でないとすると，定義を満たすからこの集合の要素のはずである...これが**ラッセルのパラドックス** (Russell's paradox) である．

また，ちょっと異なるものとして以下のようなものもある．

$$C = \{x \mid x \notin C\}$$

C は自分の要素以外のもののみを要素として含む集合である．この C とはどんな集合だろうか？C の要素の一つを c とする．そうすると C の定義により $c \notin C$ だから c は C の要素ではない．

これは嘘つきのパラドックスと呼ばれているもの（"私の言うことは全部嘘である" という命題は真か偽か？）と同じである．

このようなパラドックスを回避するために様々な試みが行われてきた．その流れを詳しく紹介することはできないが，その延長線上に集合を素朴に要素から定義するのではなく，特定の公理を満たすものとして位置付ける考え方が浮かび上がってきた．ツェルメロ (Zermelo) とフランケル (Frankel) による **ZF集合論** (ZF set theory) が有名（というよりは現在の集合の考え方の基礎）である．これは以下の公理群から成り立っている（全部は詳細に説明しない）．

公理 1 $\forall x \; x \notin \emptyset$

これは，$\emptyset$ という定数の定義である．つまり $\emptyset$ とは要素を持たない定数（空集合）である．

公理 2 フランケルの置換公理 (axiom of replacement)：任意の集合 a に対して

$$\{y \mid \exists x \in a \; (\langle x, y \rangle \in A)\}$$

は集合である．

この置換公理は次の基底公理ほどには以後の話の展開には関係ないので簡単にすませよう．A という 2 要素タプルから構成された集合があるとき，a が集合であれば，その要素 x と一対一対応がとれる要素 y から構成されるものも集合であるという公理．全部の要素を一対一に対応づけることのできる集合

は皆同じ大きさ（濃度）であるという意味でもある．1.4節，3.3節などで用いた要素間の対応の議論を思い出して欲しい．

公理 3 基底公理(axiom of foundation)：

$$A \neq \emptyset \to \exists x \in A \ (x \cap A = \emptyset)$$

ここで

$$A \cap B \equiv \{x \mid x \in A \land x \in B\}$$

であることを思い出してほしい．集合とその要素との和集合はその要素になるとは限らない．公理3を言い換えると，空でない集合には，その集合と共通要素を持たない元が存在する：

$$A \neq \emptyset \to \exists x \in A \ (\forall y \in x \ (y \notin A))$$

ある集合Aを考える．この要素を一つとってくる．これをa_1としよう．もし，$A \cap a_1 = \emptyset$ならばこれが求めるもの（基底）である．そうでない場合にはAとa_1の共通要素があるわけだから，その一つをa_2とする．もし，$A \cap a_2 = \emptyset$ならばこれが求めるものである．そうでない場合にはAとa_2の共通要素があるわけだから，その一つをa_3とする．もし，$A \cap a_3 = \emptyset$ならば… このように続けていくと

$$A \ni a_1 \ni a_2 \ni \ldots \ni a_n$$

という連鎖ができる．これが無限に続くことはなく，いつかはAと共通要素のない元にたどりつくというのが基底公理の別の形である[1]．

要するに，この公理は（名前が示唆するように）集合はすべて空集合$\emptyset$から出発して順々に作られたものであることを表現している．あるいは，一般に

$$a_0 \ni a_1, \ a_1 \ni a_2, \ a_2 \ni a_3, \ldots$$

となるような無限の列が存在しない（どこかで$\emptyset$になり，空集合には要素が存在しない）ことと等価である．さらに別の言い方をすると，集合をランク分

---

[1]同値性は自明ではないが，証明可能である．直観的には，集合の要素のうち必ず一つとは共通元がないとしたら，共通元を持つ要素を無限には取り続けられないということである．必ず有限回の操作で空集合になる．なお，ここでいう有限とはすべての自然数を含んでいることに注意されたい．特定の数kが存在して，それ以下の回数（有界）という意味ではない．いくらでも大きな自然数回の操作が許される．

けし，ランク n の集合はランク $n-1$ 以下の集合しかその元として持てないという要請である．たとえば，a は同じランクの自分自身 a を自分の要素にできない．$a \ni a$ だとすると直ちに

$$a \ni a \ni a \ni \ldots$$

という無限列ができて，矛盾する．同様に $a \ni b \wedge b \ni a$ のような関係も存在しない．a のランクが b のランクより大きい場合は $b \ni a$ は成立しないし，逆の場合には $a \ni b$ が成立しない．すべての集合はあるランクの元に順序づけることができるのである．

空集合はランク 0 とする．ランク 1 のものは空集合しか要素にできないから

$$\{\emptyset\}$$

のみである．ランク 2 のものは

$$\{\{\emptyset\}\}, \{\emptyset, \{\emptyset\}\}.$$

ランク 3 のものは

$$\{\{\{\emptyset\}\}\},$$
$$\{\{\emptyset, \{\emptyset\}\}\},$$
$$\{\emptyset, \{\emptyset, \{\emptyset\}\}\},$$
$$\{\{\emptyset\}, \{\emptyset, \{\emptyset\}\}\},$$
$$\{\emptyset, \{\emptyset\}, \{\emptyset, \{\emptyset\}\}\}.$$

よくわからなくなってきた．整理してみよう．

$$\emptyset = 0$$

と書くことにする．そうするとランク 1 の集合は $\{0\}$ と書けるからこれを

$$\{0\} = 1$$

と書くことにする．そうするとランク 2 の集合には以下のものが含まれる．

$$\{1\}, \{0, 1\} = 2$$

最後のものを 2 と書くことにする（以下 $n-1$ までのランクのすべての代表を

含むランク n の要素を n と呼ぶことにする）．同様にランク3の集合は

$$\{\{1\}\}, \{2\}, \{0,2\}, \{1,2\}, \{0,1,2\}=3$$

ランク4の集合は大きすぎるので書かない．(なお，前述の AFA のグラフを用いればこれらは図4.4（106ページ）のように比較的コンパクトに書ける.)

さて，ラッセルのパラドックスを構成する集合

$$R = \{x \mid x \notin x\}$$

に戻ろう．基底公理によればすべての集合は自分の要素ではないのだから

$$x \notin x$$

はすべての集合に対して成立している．実は R は集合全体の集合なのであった．これはもはや集合ではなく**クラス** (class)[2] と呼ばれるものである．ここではクラスの概念には立ち入らないが，集合より大きなものと考えておいてもらえればよい．

このようにしてラッセルのパラドックスは集合から除外された．筆者自身にはこれはパラドックスの解決だと思えない．回避にすぎないではないか．ここで自己言及自体が排除されていることに注目してほしい．自己言及はある意味では高次の認知機能であり，人間をそれ以外の生物から区別する特別な能力かもしれない．自然言語における表現ではよく見られるものである．自分のおかれた状況について推論する能力は高次知能にとっては不可欠のものであろう．将来我々が作る知的エージェントもそうあってほしい．

ゲーデルの不完全性定理も，ある程度表現力が強い形式システム（具体的には自己言及ができる程度のもの）でないと成立しない．表現力を弱めればパラドックスを記述する能力もなくなる．それでは淋しいではないか．

実は，真偽と証明の関係をもう少し深く考えていくと基底公理によって自己言及を制限しなくても整合的なシステムが構築できることがわかる．これは次節で述べる．

5.2 論理のパラドックス

例外のない規則はない．

---

[2] 56ページに出てきた階層内のクラスとは別の概念である．

と言われる．では，この規則自身には例外はないのであろうか？ だとしたら，この規則は"例外のない規則"であって，したがってこの規則は偽である．では，この規則が偽だとするとどうなるだろう？ "例外のない規則が存在する"ことになり，それはこの規則の否定形でも他の規則でもよい．したがって，"例外のない規則はない"は偽であることがわかった．

次に，ある人（Aさんとしよう）が"私の言うことはすべて嘘だ"と言った場合を考えてみよう．この命題は真だろうか？ 偽だろうか？

$$f = \text{"Aさんの言うことはすべて嘘である"}$$

とする．もちろん，f もAさんの言うことの一つである．f が真だとすると，"Aさんの言うことはすべて嘘"なのだから，Aさんの言った f は嘘，つまり偽であることになる．f が偽だとすると"Aさんの言うことはすべて嘘"ではないのだから"Aさんの言うことには正しいこともある"．f は偽せである．

では

この文は間違っている．

という文は真だろうか？ 偽だろうか？ 真だとすると，その文は間違っている，すなわち偽であることになる．偽だとすると，その文は間違っていない，すなわち真であることになる．前のようにうまくいかない．

このように真だと仮定すると偽が推論でき，偽だと仮定するとそこから真が推論できるような命題をパラドックスと言う．

もう少し形式的に書こう．以下では従来

$$\frac{\Delta}{\Gamma}$$

のように記述してきた推論を，スペース節約のために

$$\Delta \Rightarrow \Gamma$$

と書くことにする．Δ から Γ が推論できるという意味である．ちょっと整理しておくと

$\Gamma \to \Delta$	論理式
$\Gamma \vdash \Delta$	論理式間の関係を示すシーケントの記法
$\Gamma \Rightarrow \Delta$	論理式／シーケント間の推論関係を示すメタ記法

さて，上記のパラドックスは

$$f = \text{False}(f)$$

とすると

$$(f \Rightarrow \neg f) \text{ かつ } (\neg f \Rightarrow f)$$

となってしまうので，したがって命題 f の真偽が確定できないということである．

ところでパラドックス (paradox) と矛盾 (contradiction) の違いをご存知だろうか？ パラドックスとは

$$(p \Rightarrow \neg p) \text{ かつ } (\neg p \Rightarrow p)$$

となるような p のことであり，矛盾とは

$$p \wedge \neg p$$

が成立することである．"p を仮定すると $\neg p$ が導け，そうすると $p \wedge \neg p$ だから矛盾する．また $\neg p$ を仮定すると p が導け，どちらを仮定しても矛盾するので真偽が決められない" というのがパラドックスである．

ここまでに見てきたように，パラドックスは自己言及と深い関係があるようである．ただし，自己言及すなわちパラドックスではない．

$$t = \text{"私の言うことはすべて真である"}$$

というのは普通の命題で，真か偽かのどちらかに決まる（この場合はどちらでも矛盾しない）．

また，自己言及は間接的であることもある．

$$f = \text{False}(t)$$
$$t = \text{False}(f)$$

この場合は

f が真で t が偽
t が真で f が偽

という二つの可能性があるが，パラドックスではない．
では，

$f = \text{False}(t)$
$t = \text{True}(f)$

はどうであろうか？

f が真 $\Rightarrow t$ が偽 $\Rightarrow f$ が偽
f が偽 $\Rightarrow t$ が真 $\Rightarrow f$ が真

となってパラドックスである．このような組合せは，もっと長い連鎖でもいくらでも作ることができる．一周回って元に戻ればOK，真で出発して偽で戻ってくればパラドックスである．したがって，直接的な自己言及だけがパラドックスになるというわけではない．

以下では，直接的な自己参照の起こる**嘘つきのパラドックス** (liar's paradox)

$f = \text{False}(f)$

に話を限定し，状況理論による解析 [2] を紹介する．

嘘つきパラドックスを詳細に分析するためには，論理式が偽であることと，その論理式が証明ができないことの関係を考えなおす必要がある．そのために世界のモデルの概念を導入する．つまり，我々が全知の神（論理的な議論をするためには全能である必要はない）になって世界に関する情報について語る必要がある．

まず世界のモデルを定義する．ここでいう世界モデルとは世界に関して最低限の整合性だけが保たれた命題の集合のことで，以下の条件を満たす：

世界モデル $\mathbf{M}$ で命題 p が成立している場合には，その否定 $\neg p$ はいかなる状況でも成立しない．

最初何も命題を含まないモデル $\mathbf{M}_0$ から出発し，任意の命題を投入していく．特定の命題 p に関しては p を入れてもよいし，$\neg p$ を入れてもよい．あるいはどちらも入れなくてもよい．

ここで考えるモデルはこのように命題の集合であるから，集合の間の包含

関係が成立する．あるモデル M_1 に，命題 p を放り込んで（これが上記の制約を満足しているとして）できた命題 M_2 は M_1 を包含する（$M_2 \supset M_1$）．このようにして，他のどのモデルにも包含されないモデルを極大モデルという．

あるモデル M と命題 p の間には以下の4通りの可能性がある．

1. M に p が含まれる．

$$M \models p$$

2. M に p が含まれない．

$$M \not\models p$$

3. M に p の否定が含まれる．

$$M \models \neg p$$

4. M に p の否定が含まれない．

$$M \not\models \neg p$$

p が含まれないことと $\neg p$ が含まれることを同一視するシステムが多いが，これが嘘つきのパラドックスの源泉なのである．

これを踏まえた上で，モデルと命題の間には以下のような関係が考えられる[3]．

(T図式) 真であることと，モデルで成立することは同値．
$$p \Leftrightarrow M \models p$$
(N図式) 偽であることと，モデルで否定が成立することは同値．
$$\neg p \Leftrightarrow M \models \neg p$$
(F図式) 偽であることと，モデルで成立しないことは同値．
$$\neg p \Leftrightarrow M \not\models p$$

なお，$\Delta \Leftrightarrow \Gamma$ は

$$(\Delta \Rightarrow \Gamma) \text{かつ} (\Delta \Leftarrow \Gamma)$$

のことである．

ここで，ちょっと寄り道して"ホントつき"命題を見てみよう．

---

[3] なぜ第4の関係が存在しないのか（そういうものをモデルと呼ばない理由）を考えてみてほしい．

$$q = \text{True}(q)$$

この命題は

$$\mathbf{M} \models q$$

を満たすモデルでは真となり，

$$\mathbf{M} \models \neg q$$

あるいは

$$\mathbf{M} \not\models q$$

を満たすモデルでは偽となる[4]．

　モデルと命題の関係で問題とされているのは肯定と否定の間の非対称性である．我々が世界を定式化するときにある命題の肯定の側面をとらえるのか否定の側面をとらえるのかは対称で，どちらでもよいように思える．たとえば，日本語では"美しい"と"醜い"は細かいニュアンスを問題にしなければ反義語の関係にあり，

$$\text{美しい} \leftrightarrow \neg\text{醜い}$$

$$\neg\text{美しい} \leftrightarrow \text{醜い}$$

と考えてよさそうである．あるいは，一般に

$$q \equiv p \text{ではないこと}$$

のように定義することもできよう．

　しかし，実際にはそう単純ではない．x は 1 であるという意味の

$$\text{one}(x)$$

という命題を考えよう．これを満たす x の値は 1 しか存在しないが，満たさない方は $x = 2, 3, \ldots$ のみならず，$x = 3.14159$ や $x = $ cat など無数に存在する．一般に否定のほうが範囲が広いし，情報が少ない．また，肯定情報は図示できるのに対し，否定情報は（×を付けるなどの記号を伴わない限り）図示できないというのも大きな違いである．

---

[4] q も $\neg q$ も含まないモデルにおいては，このどちらかを任意に投入できるから，極大モデルにおいては $\mathbf{M} \models q$ あるいは $\mathbf{M} \models \neg q$ が成立する．

非単調論理（4.7節）のところでも述べたように，情報がないことと，否定の情報があることは別なのである．たとえばポーカーをしているときに"相手の手がストレートかどうかわからない"ということと"相手の手がストレートではない"ことの間には天と地ほどの差がある．

命題が規則の形をしている場合は事情がもっと明白である．水は冷たいと氷になる：

$$\forall x\ \text{water}(x) \wedge \text{cold}(x) \to \text{freeze}(x)$$

という規則は様々な使い方が想定できるが，"水は熱いと氷になる"は間違い：

$$\neg(\forall x\ \text{water}(x) \wedge \text{hot}(x) \to \text{freeze}(x))$$

という規則はどう使えばよいかわからない．これは"水を温めれば融ける"という因果関係を表しているのではない点に注意されたい．"温水は凍っているというのは間違いである（融けているかもしれないし，凍っているかもしれない．あるいは他の状態かもしれない．）"と言っているだけである．

N図式とF図式の差が問題である．pが"偽である"こと（N図式）と，pが"真でない"こと（F図式）の差は，通常はそんなに問題にならない．したがって両者は同じように扱われることが多かった．しかし，ここで問題にされているのは真であることと真であると証明できること，ならびに，偽であることと偽であると証明できること，との間にはギャップがあるという点である．古典1階述語論理の世界では図2.1（46ページ；図5.1に再掲する）のように，このギャップは存在しない．このような体系を完全であるという．

しかしながら，パラドックスの存在する体系は完全ではありえない．パラドックス命題自体の真偽が決められないからである．次のゲーデルの不完全性のところで見るように，ある程度記述力が強いシステムではこのようなことが起こる．図5.1と図5.2を比べてみて欲しい．古典1階論理の論理式の範囲は全世界をカバーしていない（2階の述語がないから）．つまり，完全性を満たせる範囲のことしか扱わないのである．それに対し，全世界を扱う代わりに完全性を保てないシステムが存在する．そのようなシステムでは，安易に真であることが証明できないことと，偽であることを同一視できない．その点を深く分析したのがバーワイズら [2] なのである．

さて，ここで2階の命題，True(p)やFalse(p)をモデルに投入することを考えよう．これには先ほどの図式を拡張して使う．

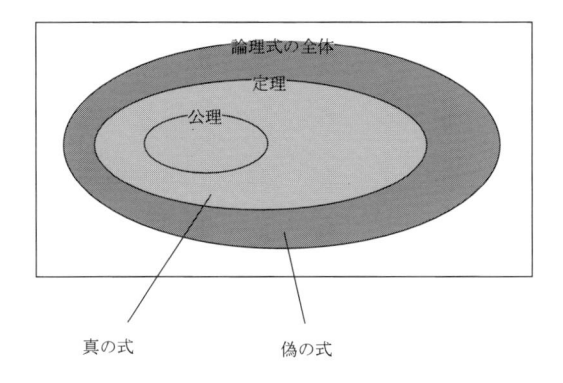

図 **5.1** 古典一階論理の世界

(T図式) True を満たすことと，真であることとは同値．
$\mathbf{M} \models \mathrm{True}(p) \Leftrightarrow \mathbf{M} \models p$

(N図式) False を満たすこと，偽であることとは同値．
$\mathbf{M} \models \mathrm{False}(p) \Leftrightarrow \mathbf{M} \models \neg p$

(F図式) False を満たすことと，真でないこととは同値．
$\mathbf{M} \models \mathrm{False}(p) \Leftrightarrow \mathbf{M} \not\models p$

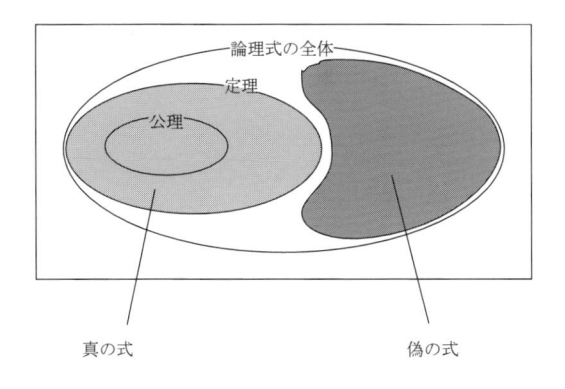

図 **5.2** 一般の論理の世界

嘘つき命題を N 図式で解釈すると，そのモデルは f と $\neg f$ の両方を含むことになって，矛盾する．

$f = \mathrm{False}(f)$

であったから，N図式では

$$\mathbf{M} \models f \Leftrightarrow \mathbf{M} \models \mathrm{False}(f) \Leftrightarrow \mathbf{M} \models \neg f$$

したがって f も $\neg f$ もモデルには含まれない：

$$\mathbf{M} \not\models f \wedge \mathbf{M} \not\models \neg f$$

つまり，嘘つき命題は真ではないが，それが偽であるということはモデルに含まれないのである．別の言い方をすると，嘘つき命題 f はどのようなモデルでも真になることはないが，それを偽であると明言するモデルは整合的ではない[5]．

しかし，F図式上では

$$\mathbf{M} \not\models f \Leftrightarrow \mathbf{M} \models \mathrm{False}(f) \Leftrightarrow \mathbf{M} \models f$$

となり，f を含むことと含まないことが同値になってしまう．これは困る．

従来の嘘つき命題の解釈ではモデルに言及することがなかった．モデルの概念を省略すると，偽であることと真でないことの区別ができなくなる：

(T*図式) Trueであることと，真であることとは同値．
 $\mathrm{True}(p) \Leftrightarrow p$
(N*図式) Falseであることと，偽であることとは同値．
 $\mathrm{False}(p) \Leftrightarrow \neg p$
(F*図式) Falseであることと，真でないこととは同値．
 $\mathrm{False}(p) \Leftrightarrow \neg p$

これが問題の源であった．

さて，状況理論では状況とインフォンのペアが命題であった．そこではより明確な形でN図式とF図式の区別がなされる．状況理論における嘘つきのパラドックスは以下のような形になる：

$$f = (s \models \mathrm{False}(f))$$

古典論理ではモデル $\mathbf{M}$ として扱われていたものが状況 s という形で言語の記

---

[5] この事実は後で述べるゲーデルの不完全性定理と類似していて興味深い．

述対象になっている点が大きく異なっている．同じ "$\models$" という記号が意図的に流用されているが，混同しないでほしい．新しい図式は以下のようになる．

(T図式) ある状況でTrueであることと，真であることとは同値．
$$s \models \text{True}(p) \Leftrightarrow s \models p$$
(N図式) ある状況でFalseであること，偽であることとは同値．
$$s \models \text{False}(p) \Leftrightarrow s \models \neg p$$
(F図式) ある状況でFalseであることと，真でないこととは同値．
$$s \models \text{False}(p) \Leftrightarrow s \not\models p$$

状況を考慮することによってより細かい区別が可能になるから，今度はF図式を捨てる必要はない．ここから先の厳密な議論は哲学的にもかなり微妙なので，詳細は[2]に譲り，ここでは結論だけを紹介しておく．

まず，すべての状況 s において嘘つき命題

$$f = (s \models \text{False}(f))$$

の真偽はわからない．

$$s \not\models \text{True}(f)$$

かつ

$$s \not\models \text{False}(f)$$

である．もし，どちらかが成立すれば直ちにパラドックスになる．

しかし，これは f の真偽について言及できないということではない．s より大きな状況 $s_1 \supset s$ が存在し，そこでは f が偽であることがわかる：

$$\exists s_1 \ s_1 \models \text{False}(f)$$

当時者より横で見ている人の方がよくわかるという "岡目八目" と似た現象かもしれない．

あるいはすべての状況で嘘つき命題が偽であるという前提で出発することもできる．真を仮定すると偽になり，偽を仮定すると真になるというパラドックスは，実はこの状況の側がどんどん大きくなっているのである．最初の方でモデル $\mathbf{M}$ に命題を放り込んでいったのと同様に状況の命題を放り込んで別の状況を作ると考えて欲しい．同じ状況で真偽が反転すればパラドックスに

なるが，状況がどんどん大きくなれば問題はない．最後にこれを表にしておこう．添字に注意して見ていただきたい．

$$s_{n+1} = s_n \cup \{f_n\}$$

である（図 5.3）．

命題	真偽
$f_1 = s_1 \models False(f_1)$	偽
$p_1 = s_2 \models False(f_1)$	真
$f_2 = s_2 \models False(f_2)$	偽
$p_2 = s_3 \models False(f_2)$	真
$f_3 = s_3 \models False(f_3)$	偽
$p_3 = s_4 \models False(f_3)$	真
...	...

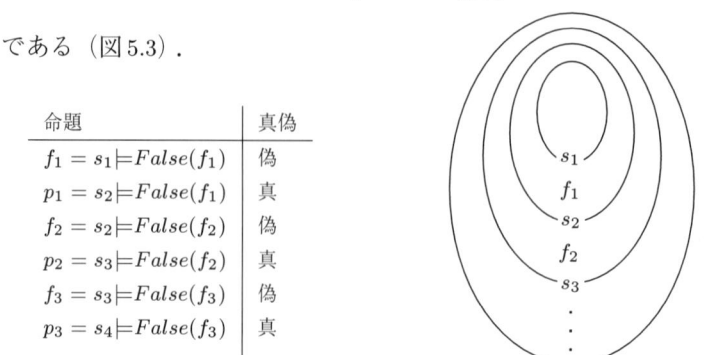

図 5.3 どんどん大きくなる状況と命題の関係

5.3 パラドックスと自己言及

これまでに見てきたパラドックスはどれも何らかの形で自分自身に言及している．X の定義に X が現れたり $x \notin x$ という式だったりするが，これらの自己言及がパラドックスの元と考えられている（あるいは考えられていた）．集合論は一時このようなパラドックスを避けるため，定義に現れる文に制限を加え自己言及ができないようにした．具体的には集合にランクを定め，あるランクの集合の要素としてはそれ以下のランクのものしか許さないのである．集合を，下から順番に構成して行けるものだけに限ればパラドックスは起こらないのである．

パラドックスとは

$$(p \Rightarrow \neg p) \text{ かつ } (\neg p \Rightarrow p)$$

となるような p のことであった．したがって，自己言及ができないように言語の記述力を下げるか，あるいは上記のような推論ができないように論理の推論力を落せばパラドックスにはならない．

このことが如実に表現されているのが次節で見るゲーデルの不完全性定理：

数論の無矛盾な公理系は，必ず決定不能な命題を含む

の証明である [41]. この不完全性定理の証明は, 自分自身に言及する数学的な命題を書くこと（数論ではすべての命題をそれに対応する数に変換可能であり, 数は命題の言及対象になりうる）が鍵である. 自分に言及するだけの表現力のないシステムでは, 決定不能な命題を記述する能力もないわけである.

なお, 我々が使っている言語（自然言語）は嘘付きのパラドックスの節でも見たように, このような自己言及が大変得意である. 上の文も自然言語を使って自然言語の性質を述べているので, 自己言及の一種である. そのような強力な言語を持っていることと我々の思考能力の間には（どちらが原因でどちらが結果かはわからないが）大きな相関があることは確かである.

5.4 ゲーデルの不完全性定理

ゲーデル (Kurt Gödel) の**不完全性定理** (Incompleteness Theorem) においては命題を自然数に対応させることから始まる.

自然数をドメインとする1引数の論理式を考える. このような論理式は無限個あるが, それらを何らかの順に1列に並べることが可能であることがわかっている. たとえば辞書順に並べてもよい. そのような列を

$$p_0(x),\ p_1(x),...,p_i(x),...$$

としよう. 引数 x の値は自然数であるから, 値を代入すると

$$p_0(0),\ p_0(1),\ p_0(2),...,p_1(0),...,p_i(j),...$$

となる. p_1 は無限番目になっていつまでたっても到達しないじゃないかと思う人のためには良い方法がある. 2次元に並べるのである.

行＼列	0	1	2	3	...
0	$p_0(0)$	$p_0(1)$	$p_0(2)$	$p_0(3)$	...
1	$p_1(0)$	$p_1(1)$	$p_1(2)$	$p_1(3)$	...
2	$p_2(0)$	$p_2(1)$	$p_2(2)$	$p_2(3)$	...
3	$p_3(0)$	$p_3(1)$	$p_3(2)$		...
...	...	...			

こうしておいて, 斜めに拾っていけばよい. つまり, n 行 m 列目の要素を (n, m)

と書くことにすると，

$$(0,0), (1,0), (0,1), (2,0), (1,1), (0,2), \ldots$$

という順に並べるのである（p.66 図 3.4 参照）．具体的には

$$p_0(0),\ p_1(0),\ p_0(1),\ p_2(0),\ p_1(1),\ p_0(2), \ldots$$

という並びになる．

このように論理式を一列に並べ，この並びの i 番目の論理式を i で表すことにすると，すべての 1 引数論理式には，それに対応する自然数が割り当てられることになる．

このようにして並べた論理式のあちこちに

$$\neg p_i(i)$$

という式（同じ i が二箇所に現れる）があるはずである（たとえば最初（0 番目と数える）の $p_0(0)$ や 4 番目の $p_1(1)$ がそうである）．ちょっと計算してみると，この形の式は $2i(i+1)$ 番目に現れることがわかる．

さて，ここで，k 番目の論理式が証明可能であるという論理式を

$$Pr(k)$$

とし，その否定

$$\neg Pr(k)$$

を考える．自然数をドメインとした論理式を考え，しかも，論理式を 1 列に並べて自然数に対応させたことによってこのようなことが可能になった点に注意してほしい（このような論理式は実際に構成できることがゲーデルによって示されているが，ここでは省略する）．この $\neg Pr(k)$ の k に $2i^2+2i$ を代入した $\neg Pr(2i^2+2i)$ も 1 引数論理式であるから，先に並べた論理式のどこかに存在する．これを p_m，つまり

$$p_m(x) = \neg Pr(2x^2+2x)$$

とする．

この x に m を代入すると，

$$p_m(m) = \neg Pr(2m^2 + 2m)$$

となる．$\neg Pr(k)$ は k 番目の論理式が証明できないというものであった．しかも，$p_m(m)$ は $2m^2 + 2m$ 番目に出てくることもわかっている．つまり，この $p_m(m)$ は自分自身が証明できないという命題になっている．

もしこの $\neg Pr(2m^2 + 2m)$ が証明できたとする．

$$\vdash \neg Pr(2m^2 + 2m) \Rightarrow \vdash p_m(m)$$

これは $p_m(m)$，つまり $2m^2 + 2m$ 番目の論理式が証明可能であることを意味しているから $Pr(2m^2 + 2m)$ となり矛盾．

逆に $\neg Pr(2m^2 + 2m)$ の否定が証明できたとすると

$$\vdash \neg\neg Pr(2m^2 + 2m) \Rightarrow \vdash Pr(2m^2 + 2m) \Rightarrow \vdash p_m(m)$$
$$\Rightarrow \vdash \neg Pr(2m^2 + 2m)$$

となり，やはり矛盾する．つまり $p_m(m)$ は証明できないし，その否定も証明できない．

これで，証明も否定もできない論理式が構成できた．しかも，この論理式は自分が証明できないという命題であるから，直観的には正しい．直観的には正しくても形式的に証明できない論理式が存在するというのがゲーデルの不完全性定理である[6]．

5.5 情報処理と人間

パラドックスにしても不完全性定理にしても，自己言及がかなり本質的な問題となっている．我々人間はそういった自己言及がかなりうまい．自分について考えたり，語ったりすることは日常茶飯事である．自然言語も"この文は16文字で構成されている．"のように自己言及が可能にできている．

しかし，だからといって我々が自分のことを完全に知っているかというと，そうでもない．フロイト(Freud)に始まる精神病理学は我々の意識に登らない精神の働きが重要であることを明らかにした．認知心理学でも，問題解決における無意識の働きが多く報告されている．むしろ，人間の内省は当てにな

---

[6] 嘘つき文が偽であるが，そのことはモデル／状況に含まれないというのと似ていると思うが，読者はいかがであろうか．

らないと言われている．

　そのような意味で，筆者は人間も不完全だと思っている．おそらくゲーデルの不完全性定理が成立するのと同じかあるいはそれ以上に不完全なのではなかろうか．我々は真偽に関する直観を持っているかもしれないが，それは本当にゲーデルの不完全性定理でいうところの不完全性を越えるものなのであろうか？　ここで，そのような観点からもう一度不完全性定理の証明を見直しておこう．

　まず，自己言及可能な形式的システムを構築する必要がある．ゲーデルは数の体系を使って自分自身の証明について言及するシステムを作った．ここで注意しておかなければならないのは，真偽はモデルで決まるが，形式システムは原理的にモデルには言及できないという点である．そこで，ゲーデルは証明可能性を問題にした．真偽に関する言及ではない点に注目されたい．

　状況理論はある意味でモデルを世界の一部ととらえ，それを言語の記述対象とした．それを用いた，嘘つきのパラドックスの解析は，我々はまだパラドックスをちゃんと理解していない可能性を示唆している．少なくとも従来の真偽の概念が不完全であったことは示された．これでも我々は真偽に関する直観を持っていると，無条件に言えるのだろうか？

　常識推論やフレーム問題で見たように，我々は状況依存性の扱いがうまい．特定の状況に知らないうちに同化し，その状況に依存した規則や記述を用いる．しかも，そのような状況を無意識のうちに渡り歩く．"うそつき"[2]で示されたのはそのような無意識の混同であった．

　さらに悪いことに，最近盛んに研究されている複雑系の考え方は，我々の古典的世界観の変更を余儀なくしている．ゲーデルの不完全性定理をたてにとって人間と機械の原理的差異を主張するのはまだ早すぎる（わからないことが多すぎる）気がするのだが…

第6章

人工知能と複雑系の処理

　エージェントのための論理と集合を考える上で必要な概念をざっと見てきた．ソフトウェアエージェントといってもピンからキリまであるが，最終的にはやはり，人間に代わって知的作業をもさせたい．指令もキーボードからのコマンドではなく，音声で与えたい．その意味では人工知能の研究もそっくり含んでしまう分野であると考えてよい．

6.1　人工知能と情報処理

　人工知能(AI)の問題と情報処理一般の問題は同じなのか？"そうだ"という人もある．しかし，筆者はこれに関しては反対である．人工知能と一般の情報処理はある重要な一点において異なっている．それは処理の完全性を要求するか否かであり，これは知能の本質的な枠組と関係していると考えている．

　知能が扱う問題の性質の一つとして，情報と処理の部分性[33]が指摘されている．これは原理的に避けようのない問題である．フレーム問題（4.6節）が代表しているように，完全な記述や完全な処理は原理的に不可能である．それをなんとかするのが知能である．すなわち，完全な情報を得ようとする努力や完全な処理の手法を探す努力は無駄であり，部分情報の部分処理を効率良く行う手法を探すべきである．

　動物は，部分的特徴だけを使うことによってうまくやっている例が多く報

告されている．動物行動学の成果として，一見複雑に見える魚や鳥の行為も，実は状況の一部（自然環境の他に仲間や敵の生物を含む）に対する単純な反応の連鎖にすぎないとする発見がティンバーゲン (Tinbergen) らによって報告されている [27]．たとえば，トゲウオの雄は生殖期の別のトゲウオの雄のみに対して飛び跳ね闘争を行うが，これは，下半分が赤い物体に対する反応であることがわかっている．模型で実験したところ，色のない正確な模型より，目と赤い色だけが付いた円錐体に対してより激しく攻撃を加えた．これは魚が赤色しか見えていないということではない．別の実験で他の色や形態的特徴の細部も見えることは確認されている．しかし，この特定の場合には，そうした他の情報より色に反応するのである．トゲウオは赤い色を持つ魚が多い環境ではうまくやっていけないだろう．しかし，生殖の競争相手となる他の雄のみがその色を示す環境（おそらくこの色は雌にとっては誘惑刺激なのであろう）では，うまく振舞えるのである．

もう一つだけ例を示しておこう．セグロカモメの雛は，餌を求めるときに親カモメのくちばしの先をつつく．親カモメは餌を胃から吐き戻し雛に与える．雛は親鳥を認識しているのではなく，黄色いクチバシの端の赤い斑点に反応している（トゲウオの場合と同様に様々な色の模型でこれが確認されている）．このような雛のつっつき行動を起こさせる刺激を解発刺激という．雛のつっつきが，今度は親カモメが餌を与える行動の解発刺激になっている．このように生物間では互いの行動が相手の次の行動の解発刺激になっており，その結果全体として複雑な行動様式が保たれる例が多く知られている．

処理の大部分を環境の特殊性にゆだねる．これを状況依存性の活用と呼ぶ．つまり，知識の表現や推論規則を状況依存の形で記述することにより柔軟で効率の良い推論や行動が可能となる．このような，さぼった情報処理方式を研究するのが人工知能の特徴である．

6.2 限定合理エージェント

最近では**限定合理エージェント** (bounded rational agent) という言い方が使われている．人工知能国際会議 (IJCAI) で若手研究者に対して与えられる Computer Thought Award の受賞者，ラッセル (Stuart Russell) は**限定合理性** (bounded rationality) について講演した [24]．この，情報や能力において限界

があるという視点が重要であると考える．彼はAIを"正しいことをするシステムを設計する問題"と定義し，"正しいこと"とは何かを問題にする．そして正しいとは，あるエージェントが与えられた情報をもっともなやり方で処理することであるとしている．結果の正しさではなく，処理の正しさ（もっともらしさ）を問題にしているのである．

経済学では従来から完全合理エージェントをモデルとしてきたが，これはそのようにしないと方程式が解けないからである．ちなみに，このような完全合理エージェントだけから構成される社会では"バブル"は起こらない．最近ではマルチエージェントのシミュレーション技術も発達し，各エージェントが限られた情報で意志決定する経済モデルも研究されている．

完全な合理性を持てない．情報や処理能力が限られている．その中で何をしていくのかという問題設定．あるいは別の言い方をすると"神の視点から主体の視点へ"の変換が求められている．神というのは理論家あるいはプログラマだったり，設計者だったりするが，要するにいろいろなことがわかっている人がエージェントをプログラムするという目ではなくて，エージェントの身になって限られた視点から見ていくとどうなるかという視点である．

6.3　複雑系

完全処理ができないというもう一つの理由は世界が複雑だからである．最近，"複雑系"が話題になっている．この**複雑系**(complex systems)という用語は以下の三通りで使われているように思う：

1. 世界の新しい見方のことである．対象と観測者を切り離さずに理解するという意味で従来の自然科学の方法論と異なる．主に物理学者が提唱している．ニュートン力学に代表される古典的自然科学観では世界は原理的に完全に予測可能なものとして考えられているが，それを否定するのが複雑系の考え方である．
   物理で複雑系の見方が出現したのには，カオス(chaos)の発見と研究が大きく貢献している．カオスとは小さな誤差がいくらでも大きく拡大しうる系のことで，誤差のない観測が不可能な以上，将来の予測はいくらでもはずれうる．未来は原理的に予測不可能である．

2. 対象が複雑である．社会や経済現象，気象など，研究の対象が複雑系である．
   このような複雑系は理想化した方程式による記述や単純な説明では理解できない．計算機によるシミュレーションや可視化などが必要である．実際，カオスの発見においては数学的な理論と同時に計算機による計算と可視化が威力を発揮したし，前述のように経済学もシミュレーション技術により変わりつつある．実際，複雑系研究発祥の地ともされるサンタフェ研究所は銀行の資金により設立されている．
3. 手段のことである．対象は観察するものではなく，構築するものである．このような構成的手法（4.1節で触れた構成的数学の立場も，複雑系ではないが，これに近いものである）が重要であるとするもの．情報処理とはまさにこういう性質を持つものである．人間の要求と離れては情報の存在すら疑わしい[1]．

AIが複雑系であるというのは，これらすべての意味においてである．対象となる知能が複雑系であり，その見方が複雑系であり，研究の方法論が複雑系である．複雑系は込み入った(complicated)系とは異なる．(英語ではcomplexとcomplicatedとして区別されるが，日本語ではどちらも複雑という．) 最近，エージェント研究は経済との関連を強めている．AIの初期に，経済からAIに入ってきたサイモン(Herbert Simon)は古くからこのような複雑なシステムには深い洞察を持っており，1981年に発行された『人工の科学』においてはAIの対象として，nearly decomposable problems（ほぼ独立な部分問題に分割できるような問題）を想定している．他にもシステムの環境への埋め込みへの言及など示唆に富んでいる．また，この本の第三版[26]においては複雑系に関する章が追加されている．しかしながら，サイモンの想定しているシステムはその複雑さに限度があり，込み入ったシステムではあるが，ここでいう複雑系ではないことに注意する必要がある．

複雑系の情報処理を行う場合には完全処理をあきらめる必要がある．経済学でも完全合理性から限定合理性を扱うように考え方が変化してきているし，人工知能研究においても限定合理性が強調されている．結果の正しさではな

---

[1] "数"は人間の認識とは離れて自然界に実在するという数学者や，"情報"も人間（や生物などの認識主体）の認識とは離れて自然界に実在するという実在主義(realism)の哲学者もいるが，筆者はそう考えない．

く，処理の正しさ（もっともらしさ）を問題にしているのである．

情報処理においても，見方の転換が起こりつつある．初期の情報処理の方法論はやはり物理や数学の伝統に則ったもので，アルゴリズムの研究が主であった．アルゴリズムというのは，それに従えば結果が有限時間で得られるような一定の手続きのことを言う．そのようなアルゴリズムの性質として計算オーダ（データ量に対する計算量の見積もり）を研究する場合にも最悪の場合の値を保障するものが多かった．たとえばソートのアルゴリズムが $n \cdot \log(n)$ の計算オーダであるという場合でも，運良くデータが最初から順にならんでいれば $O(n)$ でチェックできることもある．実は一番欲しいのは"典型"的な場合の計算オーダなのだと思うが，"典型"を厳密に扱うことは困難なため，一部を除いてはあまり考慮されてこなかった．

一方，人工知能研究ではヒューリスティクスを中心として研究されてきた．ヒューリスティクスはアルゴリズムと異なり，通常はうまく行くが，たまには失敗するような手続きである[2]．

現在の情報処理においては全体を一度に扱えるようなトップダウン方式は，一部の例外を除いては存在しない．そこで大規模問題を扱うアルゴリズムは通常"分割統治"方式を採る．しかし，複雑系では分割によって失われる全体の性質がある．つまり分割して完全処理を行うということができない．アルゴリズムではなくヒューリスティクスを考えなければならない．

本当に複雑なシステム（複雑系とは限らない）というものの直観を持っているのはプログラマだけであろうと言う人もいる[3]．実際，巨大なシステムのデバッグ経験を持つ人でないと複雑系を実感することは困難かもしれない．

プログラミングにおいても対象物＝設計したいものというのが先にあって，そういうのをいかにして実装するかというのが従来の方法論であった．設計者は系の外にいる．それに対して，プログラムも設計者も何か系の中に入ってしまった方法論を考えていかなければいけないのではないかと思っている．

たとえば（設計－試作－動作の観察）というサイクルを繰り返すという方法がある．これは設計は中途半端であるから完全に動作を把握しきれずに，作ってみなければわからないという態度でもある．動作が創発すると言ってもよい．

---

[2] 初期には"発見的手法"と訳されたこともあるが，"経験的手法"の方が正しいと思う．
[3] Brian Smith. 私信．

6.4 アルゴリズムからヒューリスティクスへ

人間の知能を考えるときに，アルゴリズムは重要ではない．ヒューリスティクスが重要である．複雑系のなかで知的に振舞うエージェントをプログラムしようと思えば，この観点が欠かせない．これらは古典論理や初期の集合論には欠けているものである．

この意味で，人工知能を念頭においたときに論理に要求されるものも異なってくる．そのような観点で，本書で述べた概念を以下にまとめておきたい．

1. 変化，因果関係の記述・推論．これは典型的にはフレーム問題と呼ばれている．因果は含意とは異なる．状況計算，動的論理，時相論理，非単調論理などの定式化が試みられている．
2. 知識や推論の状況依存性．状況理論あるいは推論の文脈の扱いなどとして研究されている．
3. 信念，知識，目的などの記述・推論．様相論理．
4. 時間やメモリに制約がある状態（有限資源）での推論．非単調論理，実時間推論，線形論理など．

状況依存性の表現や計算において，あらかじめすべての状況を網羅的に設定することは不可能である．しかし，状況をタイプ分けし，各々の要素に対する記述を持ちよっておけば，実際の場面ではそれらを組み合わせるだけですむに違いないし，我々もそのように処理していると思われる．つまり，新しい状況に出会っても，過去の経験の寄せ集めで対処できることがほとんどであろう．新しいレストランに行っても，過去に経験した様々な店から必要な部分を寄せ集めてくればだいたい対処できる．ある種のチェーン店やコンビニはこの労力すら軽減するために，店がほとんど同じフロアプランを持っていたりする．いずれにしても，経験した部分が多ければ多いほど新しい処理は楽になる．

このような場合に状況依存表現を組み合わせるときに必要なのが和や積の演算である．もちろん，そういった単純な重ね合わせだけですむわけではなく，様々な推論も必要とされるが，やはりその前提には個々の要素の重ね合わせがある．重ね合わせた結果として矛盾が発見され，その解消が必要になったりするが，重ね合わせてみないことにはこういった矛盾もわからない．

既知のデータの合成に関しては，コンピュータが人間を超える可能性も秘めている．その一例として，最近**データ発掘** (data mining) が注目を浴びている．これは大量のデータの裏に潜む規則性を取り出す処理である．多くのパラメータの作り出す多次元空間の処理は人間には不得意であり，コンピュータ処理の優位性が確認されている．データ発掘ではデータの大量さゆえに，数学的に裏付けられた統計的手法が使えないことが多い．計算時間がかかりすぎるのである．ここでも近似解を効率良く求める必要がある．

第7章

参考書

論理学一般に関しては小野寛晰:『情報科学における論理』,日本評論社 (1994) がわかりやすい.

岩波講座情報科学7 長尾真,淵一博:『論理と意味』では意味の扱いや自然言語処理にも重点が置かれている.

Jean H. Gallier: *Logic for Computer Science – Foundations of Automatic Theorem Proving –*, John Wiley & Sons, Inc., New York (1987) もよい.

論理的パラドックスや論理パズルに興味のある人にはスマリヤンの著作が面白いだろう.スマリヤン:『この本の名は』(岸田孝一,沖記久子訳) TBS 出版会 (1982) が代表的.題名からして自己言及である.

集合に関しては竹内外史:『現代集合論入門』,日本評論社 (1971) もよいが,ちと難しい.同じ著者の竹内外史:『集合とはなにか』,講談社ブルーバックス 460 (1976) がお勧めである.

人工知能に関連した論理や統合に関しては Nilsson の一連の教科書 *Problem-Solving Methods in Artificial Intelligence*, McGraw-Hill (1971), *Principles of Artificial Intelligence*, Tioga Publishing Co. (1980), M. R. Genesereth and N. J. Nilsson (古川康一監訳):『人工知能基礎論』,オーム社 (1993) がお勧めである.

知的エージェントのプログラミングならびに人工知能一般には Stuart Russell, Peter Norvig (古川康一監訳):『エージェントアプローチ人工知能』,共立出版 (1997) が詳しい.

また，本文では触れる余裕がなかったが，カテゴリーは集合や関数の概念をより一般化・抽象化したものである．初期にはアブストラクト・ナンセンスと呼ばれたりしていたが，最近になってその有用性が再認識されつつある．たとえば複雑系への応用や，状況理論の中心となった情報の流れの定式化との関連[4] である．

最後に，『ゲーデル，エッシャー，バッハ』[41]はゲーデルの不完全性定理の説明に1冊を使い切り，ピューリッツァ賞を得た名著であるが，ここでは自己言及，全対論と還元主義，説明の階層などの概念が突っ込んで議論されている．必読書の一つであろう．

Acknowledgment[1]

本書を書くに際して以下を参考にした．

岩波講座情報科学7 長尾真，淵一博：『論理と意味』，岩波書店 (1983)

竹内外史：『現代集合論入門』，日本評論社 (1971)

竹内外史：『集合とはなにか』，講談社ブルーバックス 460 (1976)

竹内外史：『線形論理入門』，日本評論社 (1995)

G.E. ヒューズ，M.J. クレスウェル：『様相論理入門』，恒星社厚生閣 (1981) (*An Introduction to Modal Logic* (1968))

Jon Barwise and John Etchemendy: *The Liar: An Essay on Truth and Circularity*, Oxford University Press (1987) （金子洋之訳：『うそつき：真理と循環をめぐる論考』，産業図書 1992）

Nils J. Nilsson: *Principles of Artificial Intelligence*, Tioga Publishing Co. (1980)

岩波情報科学辞典第三版，岩波書店 (1985)

---

[1] "謝辞" とはニュアンスが異なる．参考にしたことを明記したい意．

参考文献

[1] Jon Barwise: *The Situation in Logic*, chapter 9, On the Model Theory of Common Knowledge, pages 201–220. CSLI Lecture Notes No 17, 1989.

[2] Jon Barwise and John Etchemendy: *The Liar*. Oxford, 1987.（金子洋之訳:『うそつき:真理と循環をめぐる論考』, 産業図書 (1992).）

[3] Jon Barwise and John Perry: *Situations and Attitudes*. MIT Press, 1983.（土屋, 鈴木, 白井, 片桐, 向井訳:『状況と態度』, 産業図書(1992).）

[4] Jon Barwise and Jerry Seligman: *Information Flow: The Logic of Distributed Systems*. Cambridge Univ. Press, 1997.

[5] Janik Borota, Michael Frank, Atsushi Itoh, Hideyuki Nakashima, Stanley Peters, Michael Reilly, and Hinrich Schütze: The PROSIT language v1.0. Technical report, CSLI, 1992.

[6] Rodney A. Brooks: Intelligence without representation. *Artificial Intelligence*, 47:139–160, 1991.（柴田 正良 訳:表象なしの知能, 現代思想, **18** (3), 85–105.）

[7] Philip R. Cohen and Hector J. Levesque: Intentions is choice with commitment. *Artificial Intelligence*, 42(2–3):213–261, 1990.

[8] Keith Devlin: *Logic and Information I : Infons and Situations*. Cambridge Univ. Press, 1991.

[9] R. E. Fikes and N. J. Nilsson: STRIPS : A new approach to the application of theorem proving to problem solving. *Artificial Intelligence*, 2:189–208, 1971.

[10] Jean-Yves Girard: *Linear logic*. Theoretical Computer Science, 50, 1987.

[11] Joseph Y. Halpern and Yoram Moses: Knowledge and common knowledge in a distributed environment. *JACM*, 37:549–587, 1990.

[12] Steve Hanks and Drew McDermott: Default reasoning, nonmonotonic logics, and the frame problem. In *Proc. of AAAI-86*, pages 328–333, 1986.

[13] Carl Hewitt: PLANNER: A language for proving theorems in robot. In *Proc. of IJCAI-I*, pages 295–301, 1969.

[14] J. Hintikka: *Knowledge and Belief*. Cornell University Press, 1962.

[15] Nicholas Jennings: Agent-based computing: Promise and perils. In *Proc. IJCAI '99*, pages 1429–1436, 1999.

[16] Hiroaki Kitano, Minoru Asada, Yasuo Kuniyoshi, Itsuki Noda, Eiichi Osawa, and Hitoshi Matsubara: Robocup — a challenge problem for AI —. *AI Magazine*, 18(1):73–85, spring 1997.

[17] Vladimir Lifschitz: Pointwise circumscription: Preliminary report. In *Proc. of AAAI-86*, 1986.

[18] John McCarthy and Pat J. Hayes: Some philosophical problems from the standpoint of artificial intelligence. In *Machine Intelligence 4* (eds. B. Meltzer and D. Michie), pages 463–502. Edinburgh University Press, 1969.

[19] Marvin Minsky: A framework for representing knowledge. In Patric Winston, editor, *The Psychology of Computer Vision*. McGraw Hill, 1975.

[20] Hideyuki Nakashima, Stanley Peters, and Hinrich Schütze: Communication and inference through situations. In *Proc. of IJCAI-91*, pages 76–81, 1991.

[21] Hideyuki Nakashima and Syun Tutiya: Inference *in* a situation *about* situations. In *Situation Theory and its Applications, 2*, pages 215–227. CSLI Lecture Notes, No. 26, Stanford, California, 1991.

[22] John Perry: The essential indexical. *Noûs*, 13:3–21, 1979. Also available in Johon Perry: The problem of the essential indexical, Oxford (1993).

[23] Stanley J. Rosenschein: Formal theories of knowledge in ai and robotics. Report 87-84, CSLI, 1987. （斎藤浩文：AIとロボット工学における知識の形式理論, 現代思想, vol. 18, no. 3.）

[24] Stuart Russell: Rationality and intelligence. In *Proc. of IJCAI-95*, pages 950–957, 1995.

[25] Yoav Shoham: Chronological ignorance: Experiments in nonmonotonic temporal reasoning. *Artificial Intelligence*, 36(3):279–331, 1988.

[26] Herbert A. Simon: *The Sciences of the Artificial*. MIT Press, Cambridge, Massachusetts, third edition, 1996.

[27] Nikolas Tinbergen: *The Study of Instinct*. Clarendon Press, Oxford, 1951. （永野為武訳：『本能の研究』, 三共出版, 1975.）

[28] Kazunori Ueda: Guarded Horn Clauses. In Eiiti Wada, editor, *Logic Programming '85, Lecture Notes in Computer Science 221*. Springer-Verlag, 1986. Also in *Concurrent Prolog: Collected Papers*, Vol. 1, Shapiro E. (ed.), The MIT Press, Cambridge, Mass., 1987, pp. 140–156.

[29] Terry Winograd and Fernando Flores: *Understanding Computers and Cognition*.

Ablex Publishing Co., 1986.

[30] 小野 寛晰：非標準論理の現状とその展望，情報処理，30(6):617–625, 1989.

[31] 片桐 恭弘：状況推論とその機構について，日本認知科学会第8回大会発表論文集，日本認知科学会，1991.

[32] 後藤滋樹：『PROLOG入門』，サイエンス社，1984.

[33] 橋田 浩一：『知のエンジニアリング：複雑性の地平』，ジャストシステム，1994.

[34] 中島 秀之，野田 五十樹，半田 剣一：有機的プログラミング言語 Gaea，コンピュータソフトウェア，15(6):13–26, 1998.

[35] 林 晋：『数理論理学』コロナ社，1989.

[36] 松原 仁，橋田 浩一：情報の部分性とフレーム問題の解決不能性，人工知能学会誌，4(6)：695–703, 1989.

[37] 竹内外史：『線形論理入門』，日本評論社，1995.

[38] 中島秀之：いま欲しいブレークスルー：人工知能，bit, 31(3):25–28, 1999.

[39] 中島秀之，松原仁，大澤一郎：因果関係によるフレーム問題へのアプローチ，人工知能学会誌，8(5):619–627, 1993.

[40] 長尾真，淵一博：岩波講座情報科学7『論理と意味』，岩波書店，1983.

[41] Douglas R. Hofstadter（野崎，林，柳瀬訳）：『ゲーデル, エッシャー, バッハ−あるいは不思議の環』，白揚社，1985. Gödel, Escher, Bach: an Eternal Golden Braid (1979).

[42] 廣瀬健，横田一正：『ゲーデルの世界』，海鳴社，1985.

索引

⊕, 102
□, 50
∩, 5, 62
∪, 3, 62
≡, 27, 59
∃, 30, 70
∀, 30, 70
∧, 20, 70
∨, 18, 70
¬, 20, 70
⊕, 100
⊗, 100
→, 21, 70
⊆, 6, 62
⊢, 88
?, 102
&, 100
-, 5, 62
∅, 3
∅, 61
$\mathcal{P}$, 100
P, 7, 62

abduction, 38

AFA, 103
assignment, 40
atomic formula, 33
axiom, 29, 41, 45, 107
axiom of foundation, 103, 122
axiom of replacement, 121

backtrack, 73
backward reasoning, 71
BDI-architecture, 79
belief, 78, 79
bounded rational agent, 140
bounded rationality, 140

causality, causal relation, 23
circumscription, 89
class, 56, 124
classical logic, 25
clause, 47
closed world assumption, 73
codomain, 63
co-induction, 105
complement, 5, 62
complete, 41, 73, 130

索　引

complex systems, 141
concurrent logic programming languages, 74
conjunction, 20
constant, 32
contradiction, 29
contraposition, 23, 25, 72
converse, 25
coordinated attack problem, 82

data mining, 145
declarative programming, 71
deduction, 35
desire, 79
diagonal argument, 65
disjunction, 18
domain, 63

element, 1
empty set, 3
equivalence, 27
equivalence class, 12
Euler diagram, 4
existential quantifier, 30

first-order predicate logic, 32
formal, 17
forward reasoning, 71
frame axiom, 88
frame problem, 60, 80, 87, 92, 144
function, 63
fuzzy logic, 75

Gaea, 74
generalized quantifier, 84
GHC, 74

hierarchy, 55
higher-order predicate logics, 32
Horn clause, 52, 72

implication, 21
Incompleteness Theorem, 135
induction, 38, 105
inductive learning, 74
inductive programming, 74
inference about situations, 112
inference rule, 41
infon, 109, 132
intention, 79
interpretation, 24
intersection, 5
intuitionistic logic, 69

knowledge, 78

law of de Morgan, 10, 28, 47
law of excluded middle, 25, 69
liar's paradox, 121, 127
linear logic, 98
logic, 17
logic programming, 33, 71
logical omnipotent, 78
logical omniscence, 79

many sorted logic, 60
many-valued logic, 75
mapping, 63
modal logic, 75
model, 24, 40, 127
monotonic logic, 97
multiagent, 79

natural deduction, 36
necessary condition, 59
negation, 20
negation as failure, 73
non-monotonic reasoning, 97

object-oriented, 58
Occum's razor, 40

索　引　155

π-calculus, 103
partial order, 60
Pascal, 14
Petri net, 103
Planner, 71, 116
power set, 7
predicate, 30
predicate logic, 30
procedural programming, 71
Prolog, 33, 45, 47, 71, 72
proof, 41
proposition, 18, 109
Prosit, 74

qualification problem, 93
quantifier, 30

ramification problem, 93
range, 63
reductive absurdity, 45, 51, 69
refutation, 51
resolution principle, 47
reverse, 25
RoboCup, 112
Russell's paradox, 121

semidecidable, 47
sentence, 18
set, 1
situated automata, 114
situated reasoning, 111
situation calculus, 85
situation semantics, 107, 108, 127, 132, 144
situation theory, 107
Skolem function, 48
SNL resolution, 73
sound, 39, 41
STRIPS, 87
subset, 6

substitution, 50
sufficient condition, 59
syllogism, 17, 33, 35, 37, 44, 49

tautology, 24
temporal logic, 85
term, 33
theorem, 29
theory, 29, 46, 108
three-valued logic, 75
total order, 60
truth table, 19
truth value, 18
tuple, 2, 11
two-valued logic, 75

unification, 50
union, 3, 62
universal quantifier, 30

variable, 32
Venn diagram, 4

weakening, 43, 98

Yale shooting problem, 89

ZF set theory, 121

■ア

後向き推論, 71
アブダクション, 38, 46
一階述語論理, 32, 40
一斉攻撃問題, 82
一般限量子, 84
意図, 79
因果関係, 23
インフォン, 109, 132
嘘つきのパラドックス, 121, 127
裏, 25

索　引

エージェント, 77, 140
エール射撃問題, 89
演繹, 35

オイラー図, 4
オッカムの剃刀, 40
オブジェクト指向, 58

■カ

外延, 2, 57, 60
解釈, 24, 40
階層, 55
含意, 21, 36
関数, 63
完全, 41, 73, 130
カントール, 65

疑似解決, 94
基底公理, 103, 122
帰納学習, 74
帰納推論, 38
帰納プログラミング, 74
逆, 25
逆帰納法, 105
極大モデル, 128

空集合, 3, 61, 121
クラス, 56, 124

（属性の）継承, 56
元, 1
原子論理式, 33
健全, 39, 41
ゲンツェン, 42, 98
限定合理エージェント, 140
限定合理性, 140
限定問題, 93
限量子, 30, 84

項, 33
高階述語論理, 32, 35

恒真命題, 24, 107
構成的数学, 70
公理, 29, 41, 45, 107
古典論理, 25, 69

■サ

サーカムスクリプション, 89
三段論法, 17, 33, 35, 37, 44, 49
三値論理, 75

シーケント計算, 42
時制論理, 85
自然演繹, 36, 42
自然言語, 2, 135
失敗による否定, 73
写像, 63
集合, 1
十分条件, 59
述語, 30
述語論理, 30
状況意味論, 107
状況計算, 85
状況内オートマトン, 114
状況内推論, 111
状況に関する推論, 112
状況理論, 107, 108, 127, 132, 144
常識推論, 95
情報の部分性, 110
証明, 41, 46
真偽値, 18
真偽表, 19
人工知能, 139
信念, 78, 79

推論規則, 41
数学的帰納法, 105
スコーレム関数, 48

積集合, 5, 62
節, 38, 47, 72

ZF集合論, 103, 121
線形導出, 52, 73
線形論理, 98, 144
宣言的プログラミング, 71
全順序, 60
全称記号, 30

束, 75
存在記号, 30

■タ
対角線論法, 65
対偶, 23, 25, 72
多ソート論理, 60
多値論理, 75
タプル, 2, 11
単一化, 50
単調論理, 97

値域, 63
置換, 50
置換公理, 121
知識, 78
チューリングマシン, 14
直観論理, 69

定数, 32
定理, 29, 46, 108
データ発掘, 145
手続き的プログラミング, 71

等価変換, 27
導出原理, 47
同値類, 12
トートロジー, 24
ドメイン, 63
ドモルガンの法則, 10, 28, 47

■ナ
内包, 2, 57, 61
二値論理, 75

■ハ
π計算, 103
排中律, 25, 69
背理法, 45, 51, 69
波及問題, 93
バックトラック, 73
パラドックス, 121, 124, 126
半決定的, 47
半順序, 60, 75
反駁法, 51

非単調推論, 97
非単調論理, 95
必要条件, 59
否定, 20
BDIアーキテクチャ, 79

ファジィ論理, 75
フォーマル, 17
不完全性定理, 135
複雑系, 141
不動点, 105
部分集合, 6, 62
ブール代数, 75
フレーム, 58
フレーム公理, 88
フレーム問題, 60, 80, 87, 92, 144
文, 18
分岐問題, 93

並行システム, 103
閉世界仮説, 73, 89
並列論理型言語, 74
巾集合, 7, 62
ペトリネット, 103
ベン図, 4
変数, 32

補集合, 5, 62

ホーン節, 52, 72

■マ
前向き推論, 71
マッカーシー, 85
マルチエージェント, 79

無限集合, 64
矛盾, 29, 126

命題, 18, 109
命題論理, 18

モデル, 24, 40, 127

■ユ
融合, 45
融合原理, 47

要素, 1, 2
様相論理, 75
欲求, 79

■ラ
ラッセルのパラドックス, 104, 121

理論, 29

論理, 17
論理型プログラミング, 33, 71
論理積, 20
論理的全知, 79
論理的全能, 78
論理和, 18

■ワ
和集合, 3, 62

Memorandum

Memorandum

Memorandum

Memorandum

〈著者紹介〉

中島　秀之（なかしま　ひでゆき）

1983年　東京大学大学院情報工学博士取得
現　在　通産省工業技術院 電子技術総合研究所 企画室長
　　　　北陸先端科学技術大学院大学 情報科学研究科教授（併任）

インターネット時代の数学シリーズ　6 （全10巻） **知的エージェントのための 集合と論理** 2000 年 6 月10日　初版 1 刷発行 2005 年 9 月15日　初版 3 刷発行	著　者　中島　秀之　© 2000 発行者　南條光章 発　行　**共立出版株式会社** 　　　　東京都文京区小日向 4 丁目 6 番19号 　　　　電話 東京（03）3947-2511（代表） 　　　　郵便番号 112-8700 　　　　振替口座 00110-2-57035番 　　　　http://www.kyoritsu-pub.co.jp/ 印　刷　啓文堂 製　本　協栄製本

検印廃止
NDC 410.9, 410.96
ISBN 4-320-01645-9

社団法人
自然科学書協会
会員

Printed in Japan

JCLS <㈳日本著作出版権管理システム委託出版物>
本書の無断複写は著作権法上での例外を除き禁じられています．複写される場合は，そのつど事前
に㈳日本著作出版権管理システム（電話03-3817-5670，FAX 03-3815-8199）の許諾を得てください．

ソフトウェアテクノロジーのバイブル

ソフトウェアテクノロジーシリーズ 全12巻

編集：青山幹雄・佐伯元司・深澤良彰・本位田真一

各巻：A5判・200～360頁・上製

------【オブジェクト指向トラック】------

①パターンとフレームワーク
R.E.Johnson・吉田和樹 他著　代表的なパターン集／パターンの適用事例／フレームワーク／グラフィカルユーザインタフェースのフレームワーク／ドメイン特化のフレームワーク／他……278頁・定価3780円

②分散オブジェクトコンピューティング
河込和宏・中村秀男 他著　はじめに／モデルとアーキテクチャ／CORBA／COM／DCOM／プログラミング／開発プロセス／上位層の標準化と課題／おわりに………………360頁・定価4200円

③エージェント技術
本位田真一・飯島 正・大須賀昭彦 著　エージェント技術の基礎（なぜエージェントか？・エージェントとは？・分散システム要素としてのエージェント・モバイルエージェント・他）／事例紹介…268頁・定価3780円

--【アーキテクチャとドメイン指向トラック】--

④ソフトウェアアーキテクチャ
岸 知二・野田夏子・深澤良彰 著　ソフトウェアアーキテクチャとは／アーキテクチャの基礎事項／アーキテクチャの記述／ソフトウェアの諸特性とのかかわり／他………………288頁・定価3780円

⑤クライアント/サーバとネットワークソフトウェア
青山幹雄 著　アプリケーションアーキテクチャの進化／ネットワークアプリケーションアーキテクチャと実現技術／開発方法論と開発技術／他………続 刊

⑥保守とリエンジニアリング
上原三八・Wei-Tek Tsai 他著　ソフトウェア保守の技術と実践（ソフトウェア保守の枠組み・ソフトウェア保守の基礎技術・ソフトウェア保守の実践・他）／システム革新の方法…………220頁・定価3780円

--------【プロセスと環境トラック】--------

⑦方法論工学と開発環境
鰺坂恒夫・佐伯元司 著　ソフトウェア開発方法論／ソフトウェア開発の計算機支援／方法論と環境の工学／開発環境の設計／ソフトウェアリポジトリ／方法論工学のプロセスとCAME／他……230頁・定価3780円

⑧ソフトウェアプロセス
井上克郎・松本健一・飯田 元 著　ソフトウェアプロセスモデル／プロセスモデルの形式化／プロセス記述言語と開発環境／プロセス評価／プロセス評価の実例／プロセスパターン／他……242頁・定価3780円

⑨要 求 工 学
大西 淳・郷 健太郎 著　要求獲得／シナリオ／要求仕様／要求言語／要求仕様化技法／形式的仕様／要求仕様とソフトウェア開発管理／ラピッドプロトタイピング／要求定義と支援技術………264頁・定価3780円

--【ネットワークとマルチメディアトラック】--

⑩マルチメディアソフトウェア工学
平川正人 著　はじめに／ソフトウェア工学／マルチメディア／マルチメディアを用いたソフトウェア工学／マルチメディアのためのソフトウェア工学／更なる発展に向けて………………186頁・定価3150円

⑪インターネットソフトウェア
野呂昌満・後藤邦夫 著　はじめに／Webブラウザから見たインターネットソフトウェア／インターネットプロトコル／Web情報システムのソフトウェアアーキテクチャ／他……………248頁・定価3780円

⑫グループウェアとその応用
垂水浩幸 著　グループウェアとは／グループウェアの例／ワークフローシステム／教育への応用／ソフトウェア開発への応用／グループウェアの理論と社会的要因………………240頁・定価3780円

共立出版　http://www.kyoritsu-pub.co.jp/

★税込価格．価格は変更される場合がございます．

■数学関連書

http://www.kyoritsu-pub.co.jp/ 共立出版

- 数学小辞典 ················ 矢野健太郎著
- 数学 英和・和英辞典 ············ 小松勇作編
- 共立 数学公式 附面数表 改訂増補 ······ 泉 信一他編
- 数(すう)の単語帖 ············· 飯島徹穂編著
- 素数大百科 ················ SOJIN編訳
- My Brain is Open ············ グラベルロード訳
- 数はどこから来たのか ··········· 斎藤 憲訳
- クライン:19世紀の数学 ··········· 彌永昌吉監修
- 復刻版 カジョリ 初等数学史 ········ 小倉金之助補訳
- 復刻版 ギリシア数学史 ··········· 平田 寛他訳
- 復刻版 近世数学史談・数学雑談 ······· 高木貞治著
- 大学新入生のための数学入門 増補版 ····· 石村園子著
- やさしく学べる基礎数学 ··········· 石村園子著
- 高校数学＋α 基礎と論理の物語 ······· 宮腰 忠著
- Ability 大学生の数学リテラシー ······ 飯島徹穂編著
- ベクトル・行列がビジュアルにわかる線形代数と幾何 ··入江昭二著
- クイックマスター線形代数 改訂版 ······ 小寺平治著
- テキスト線形代数 ·············· 小寺平治著
- 明解演習線形代数 ·············· 小寺平治著
- やさしく学べる線形代数 ··········· 石村園子著
- 線形代数の基礎 ··············· 川原雄作他著
- 詳解 線形代数の基礎 ············· 川原雄作他著
- 理工系の線形代数入門 ··········· 阪井 章著
- 理工・システム系の線形代数 ········ 阿部剛久他著
- 詳解 線形代数演習 ············· 鈴木七緒他編
- 統計解析のための線形代数 ········· 三野大宋著
- 線形代数Ⅰ・Ⅱ ··············· 村上信吾監修
- 行列と連立一次方程式 ··········· 泉屋周一他著
- 線形写像と固有値 ············· 石川削郎他著
- 楽しい反復法 ················ 仁木 滉他著
- 代数学の基本定理 ············· 新妻 弘他訳
- 代数学講義 改訂新版 ············ 高木貞治著
- 群・環・体 入門 ·············· 新妻 弘他著
- 演習 群・環・体 入門 ············ 新妻 弘著
- リー群論 ··················· 杉浦光夫著
- 可積分系の世界 ·············· 高崎金久著
- カー・ブラックホールの幾何学 ······· 井川俊彦訳
- コマの幾何学 ················ 高崎金久訳
- 差分と超離散 ················ 広田良吾他著
- 素数の世界 第2版 ············· 吾郷孝視訳編
- ユークリッド原論 縮刷版 ········· 中村幸四郎他訳・解説
- NURBS 第2版 ················ 原 孝成他訳
- 基準課程 図 学 ··············· 井野 智他著
- 理工系 図 学 ················· 関谷 壮他著
- 直観トポロジー ·············· 前原 潤著
- 応用特異点論 ················ 泉屋周一他著
- 数論入門講義 ················ 織田 進訳
- 初等整数論講義 第2版 ··········· 高木貞治著
- 基礎 微分積分 ··············· 後藤憲一編
- 明解演習微分積分 ············· 小寺平治著
- クイックマスター微分積分 ········· 小寺平治著
- やさしく学べる微分積分 ·········· 石村園子著
- 工学・理学を学ぶための微分積分学 ···· 三好哲彦他著
- はじめて学ぶ微分積分演習 ········ 丸本嘉彦他著
- 理工系の微分積分入門 ·········· 阪井 章著
- わかって使える微分・積分 ········· 竹之内脩監修
- 詳解 微積分演習Ⅰ・Ⅱ ··········· 福田安蔵他編
- 微分積分学Ⅰ・Ⅱ ·············· 宮島静雄著
- 演習 解析Ⅰ・Ⅱ・Ⅲ ············ 鈴木義也他著
- 解析学Ⅰ・Ⅱ ················ 宮岡悦良他著
- ウェーブレット解析 ············ 芦野隆一他著
- 物理現象の数学的諸原理 ········· 新井朝雄著
- Advancedベクトル解析 ·········· 立花俊一他著
- 超幾何・合流型超幾何微分方程式 ···· 西本敏彦著
- やさしく学べる微分方程式 ········· 石村園子著
- 詳解 微分方程式演習 ··········· 福田安蔵他編
- ポントリャーギン常微分方程式 新版 ··· 千葉克裕訳
- わかりやすい微分方程式 ········· 渡辺昌昭著
- 使える数学フーリエ・ラプラス変換 ···· 楠田 信他著
- MATLABによる微分方程式とラプラス変換 ··芦野隆一他著
- Q&A 数学基礎論入門 ············ 久馬栄道著
- 数学の基礎体力をつけるためのろんりの練習帳 ···中内伸光著
- はじめての確率論測度から確率へ ···· 佐藤 坦著
- 詳解 確率と統計演習 ··········· 鈴木七緒他編
- 集中講義！統計学演習 ·········· 石村貞夫著
- 数理計画法 -最適化の手法- ······· 一森哲男著
- 新装版 ゲーム理論入門 ·········· 鈴木光男著
- 数値計算のつぼ ·············· 二宮市三編
- 数値計算の常識 ·············· 伊理正夫他著
- Excelによる数値計算法 ·········· 趙 華安著
- Mathematicaによる数値計算 ······· 玄 光男他訳
- 数値解析 第2版 (共立数学講座12) ····· 森 正武著
- 応用システム数学 ············· 伊理正夫他著
- これなら分かる応用数学教室 ······ 金谷健一著
- 逆問題の数学 ················ 堤 正義著
- Mathematicaによる工科系数学 ····· 下地貞夫他訳
- はやわかりMathematica 第2版 ····· 榊原 進著
- はやわかりMaple ·············· 赤間世紀著
- はやわかりMATLAB ············· 芦野隆一他著
- Windows版 統計解析ハンドブック 基礎統計 ··田中 豊他編
- Windows版 統計解析ハンドブック 多変量解析 ··田中 豊他編
- Windows版 統計解析ハンドブック ノンパラメトリック法 ·田中 豊他編

新しい数学体系を大胆に再構成した教科書シリーズ!!

共立講座 21世紀の数学 全27巻

編集委員：木村俊房・飯高 茂・西川青季・岡本和夫・楠岡成雄

高校での数学教育とのつながりを配慮し、全体として大綱化（4年一貫教育）を踏まえるとともに、数学の多面的な理解や目的別に自由な選択ができるように、同じテーマを違った視点から解説するなど複線的に構成し、各巻ごとに有機的なつながりをもたせている。豊富な例題とわかりやすい解答付きの演習問題を挿入し具体的に理解できるように工夫した、21世紀に向けて数理科学の新しい展開をリードする大学数学講座！

1 微分積分
黒田成俊 著……定価3780円（税込）
【主要目次】 大学の微分積分への導入／実数と連続性／曲線、曲面／他

2 線形代数
佐武一郎 著……定価2520円（税込）
【主要目次】 2次行列の計算／ベクトル空間の概念／行列の標準化／他

3 線形代数と群
赤尾和男 著……定価3570円（税込）
【主要目次】 行列・1次変換のジョルダン標準形／有限群／他

4 距離空間と位相構造
矢野公一 著……定価3570円（税込）
【主要目次】 距離空間／位相空間／コンパクト空間／完備距離空間／他

5 関数論
小松 玄 著……続刊
【主要目次】 複素数／初等関数／コーシーの積分定理・積分公式／他

6 多様体
荻上紘一 著……定価2940円（税込）
【主要目次】 Euclid空間／曲線／3次元Euclid空間内の曲面／多様体／他

7 トポロジー入門
小島定吉 著……定価3150円（税込）
【主要目次】 ホモトピー／閉曲面とリーマン面／特異ホモロジー／他

8 環と体の理論
酒井文雄 著……定価3150円（税込）
【主要目次】 代数系／多項式と環／代数幾何とグレブナ基底／他

9 代数と数論の基礎
中島匠一 著……定価3780円（税込）
【主要目次】 初等整数論／環と体／群／付録：基礎事項のまとめ／他

10 ルベーグ積分から確率論
志賀徳造 著……定価3150円（税込）
【主要目次】 集合の長さとルベーグ測度／ランダムウォーク／他

11 常微分方程式と解析力学
伊藤秀一 著……定価3780円（税込）
【主要目次】 微分方程式の定義する流れ／可積分系とその摂動／他

12 変分問題
小磯憲史 著……定価3150円（税込）
【主要目次】 種々の変分問題／平面曲線の変分／曲面の面積の変分／他

13 最適化の数学
伊理正夫 著……続刊
【主要目次】 ファルカスの定理／線形計画問題とその解法／変分法／他

14 統　計
竹村彰通 著……定価2730円（税込）
【主要目次】 データと統計計算／線形回帰モデルの推定と検定／他

15 偏微分方程式
礒 祐介・久保雅義 著……続刊
【主要目次】 楕円型方程式／最大値原理／極小曲面の方程式／他

16 ヒルベルト空間と量子力学
新井朝雄 著……定価3360円（税込）
【主要目次】 ヒルベルト空間／ヒルベルト空間上の線形作用素／他

17 代数幾何入門
桂 利行 著……定価3150円（税込）
【主要目次】 可換環と代数多様体／代数幾何符号の理論／他

18 平面曲線の幾何
飯高 茂 著……定価3360円（税込）
【主要目次】 いろいろな曲線／射影曲線／平面曲線の小平次元／他

19 代数多様体論
川又雄二郎 著……定価3360円（税込）
【主要目次】 代数多様体の定義／特異点の解消／代数曲面の分類／他

20 整数論
斎藤秀司 著……定価3360円（税込）
【主要目次】 初等整数論／4元数環／単純環の一般論／局所類体論／他

21 リーマンゼータ函数と保型波動
本橋洋一 著……定価3570円（税込）
【主要目次】 リーマンゼータ函数論の最近の展開／他

22 ディラック作用素の指数定理
吉田朋好 著……定価3990円（税込）
【主要目次】 作用素の指数／幾何学におけるディラック作用素／他

23 幾何学的トポロジー
本間龍雄 他著……定価3990円（税込）
【主要目次】 3次元の幾何学的トポロジー／レンズ空間／良い写像／他

24 私説 超幾何学関数
吉田正章 著……定価3990円（税込）
【主要目次】 射影直線上の4点のなす配置空間X(2,4)の一意化物語／他

25 非線形偏微分方程式
儀我美一・儀我美保 著 定価3990円（税込）
【主要目次】 偏微分方程式の解の漸近挙動／積分論の収束定理／他

26 量子力学のスペクトル理論
中村 周 著……続刊
【主要目次】 基礎知識／1体の散乱理論／固有値の個数の評価／他

27 確率微分方程式
長井英生 著……定価3780円（税込）
【主要目次】 ブラウン運動とマルチンゲール／拡散過程II／他

共立出版

■各巻：A5判・上製・204～448頁
http://www.kyoritsu-pub.co.jp/